LEAVE NO TRACE
IN
THE OUTDOORS

无痕山林

〔美〕杰弗里·马里恩（Jeffrey Marion）◎著
自然之友·盖娅自然学校 ◎译

著作权合同登记号 图字：01-2016-6289

图书在版编目(CIP)数据

无痕山林 / (美) 杰弗里·马里恩（Jeffrey Marion）著；自然之友·盖娅自然学校译. —北京：北京大学出版社，2017.11
ISBN 978-7-301-28871-9

Ⅰ. ①无… Ⅱ. ①杰… ②自… Ⅲ. ①野外—文娱性体育活动—生态环境保护 Ⅳ. ①G895 ②X171.4

中国版本图书馆CIP数据核字 (2017) 第253476号

Leave No Trace in the Outdoors by Jeffrey Marion

Published by agreement with the Rowman & Littlefield Publishing Group through the Chinese Connection Agency, a division of The Yao Enterprises, LLC.

书　　名	无痕山林 WUHEN SHANLIN
著作责任者	〔美〕杰弗里·马里恩　著 自然之友·盖娅自然学校　译
策划编辑	周志刚
责任编辑	泮颖雯
标准书号	ISBN 978-7-301-28871-9
出版发行	北京大学出版社
地　　址	北京市海淀区成府路205 号　100871
网　　址	http://www. pup. cn　　新浪微博：@ 北京大学出版社
微信公众号	科学与艺术之声（微信号：sartspku）
电子信箱	zyl@ pup. pku. edu. cn
电　　话	邮购部62752015　发行部62750672　编辑部62767857
印 刷 者	北京方嘉彩色印刷有限责任公司
经 销 者	新华书店
	850毫米×1168毫米　32开本　7.125印张　130千字 2017年11月第1版　2017年11月第1次印刷
定　　价	54.00元

目　录

Contents

序　一
万物和谐共生

郑廷斌[1]

多年来，我努力寻找与连结人类老祖先与土地及万物和谐共生的智慧。在世界各地遵循传统的原住民（少数民族）生活中，以及原住民和中国老祖先留下的典籍及智慧之语中，看到了也证明了土地伦理及环境伦理源远流长的历史。

美洲白人的“西部拓荒史”，以及中国老祖先的“筚路蓝缕以启山林”，事实上就是一部悲惨的环境破坏与杀戮史。

在《魂断伤膝涧》一书中，印地安人知道，万物皆平等。但是美国另一种声音却说：“让白人猎手去杀吧，去剥皮吧，去卖吧，一直到野牛绝种为止；那是带来长久和平，使文明得以前进的唯一办法。”在印第安人心里，挽救野牛免于绝种，这种紧急情况比起服从保留区的小小规定重要得多。于是，

① 中国台湾希望青少年多元适性发展协会秘书长、无痕山林高阶讲师

千万个美洲原住民（印第安人）为了保护土地与拯救野牛而牺牲了。土地与环境所遭受的浩劫从此罄竹难书，而各种所谓的气候与环境“灾难”也正方兴未艾。我们明白，所谓的“灾难”，事实上大部分是人为造成的“人祸”。

西方如此，东方的中国与亚洲各国又未尝不是如此。

水能载舟，也能覆舟。人类的意识与智慧可以毁灭地球与自己，当然也能拯救地球与复兴人类的未来。兴起与发展于美国的无痕山林户外行为准则（Leave No Trace［LNT］），就是为了挽救人类破坏自然下的反思与行动。

具备观念、理论、研究与做法的无痕山林，除了从教育切入与着手外，更可以与自然（环境）教育、友善环境农耕、环保与生态保护做各项概念上的连结。多年来，LNT 因此在世界各国，包括中国台湾地区造成了不少可喜可贺的影响与改变。

除了全球化，更要在地（本土）化。LNT 不是国外的舶来品。事实上，尊重、最低影响原则、够用就好这些无痕山林的理念与概念，也是中国老祖先千年传承的智慧与理念。2011 年，无痕山林引入中国，并在北京的自然之友开始了初阶讲师的培训。短短的几年间，在许多有理念有行动力的前辈与伙伴的努力下，在中国各地与户外教育、自然教育及生态环保相关的领域，形成了燎原之势。

美国的研究指出，荒野管理中 80%—90% 是教育和提供信息，10% 才是法规。印度的甘地也说，我们是改变他人和周围世界的催化剂。欣见中国大陆各领域的有识之士，以及愈来愈多的社会大众，加入了致力于无痕山林教育的行列。量变势将造成质变。

为了地球、万物众生及我们人类共同的未来而努力，人类已从减少使用(Reduce)、重复利用(Reuse)、循环利用(Recycle)的 3R 进步到再学习古老智能（Relearn［Rethink］）、修复（Repair）的 5R。现代的观念、知识与做法，融合原住民与老祖先的智慧与经验，将会带来无比强大的力量与转换。

面对浩瀚的宇宙及人类演进的历史长河，个人有幸能在这股复兴的洪流中尽些微薄的力量，并扮演桥梁的角色，我感到无比的谦卑与感恩。

序　二

当我们开始热爱大自然

从无痕山林到无痕地球

徐铭谦[1]

本书中有一句话："宠溺致死"，听起来是在说教育，意思像是指过度保护孩子的父母，反而会让孩子不成材。这句话在自然之友·盖娅自然学校翻译的《无痕山林》手册中原文是"loving park to death"，我觉得翻成"爱之适足以害之"或许更像中文的语境。说的是当人们一窝蜂地涌入自然，结果导致严重的环境冲击，热爱自然的行为足以葬送自然。

这情景让我想起汉纳·阿伦特（Hannah Arendt）所说的"平庸的恶"（the banality of evil），一群看来心理状态完全正常的普通人，集体不经思考所从事的恶，此种邪恶如此平庸无奇：邪恶无根，像是细菌沿着潮湿的表面扩散；邪恶亦无本，缺乏深度，连恶的深度也没有，却会造成灾难性的毁灭。只消看看

① 著有《像山一样思考》，北京出版社，2016 年。

身边的水、空气、土地环境，看看长假期间充斥于景区中的人潮与垃圾，我们就会了解“宠溺致死”“平庸的恶”，用来解释当前人与自然的关系同样有效。

“无痕山林”（Leave No Trace）是一套伦理规范，试图以简单的七项原则，提醒人们如何减少对自然的冲击，如何做一个负责任的旅人。既是原则，就不是什么了不起的大道理，不是基本教义派的教条规范，也不是诉诸恐惧反射的惩罚与鼓励，更不是僵硬的法规约束。

美国森林管理局局长麦克斯·彼得森（Max Perterson）在1985 年时就发现，硬性法规在游客访问数量特别高的公园和环境保护规范特别严格的荒野地区是难以执行的，因为游客并不一定了解和真心支持法规，因而可能会抵抗 (或投机)，法规甚至有执法成本过高而难以贯彻的问题。因此，好的荒野管理应该应用 80%—90% 的教育和信息，加上 10% 的法规。换句话说，就是情、理、法并重，法应是最后的底线，但文明社会应先“发乎情、止乎礼”。

所谓伦理，即是处理人与人、人与社会相互关系时应遵循的道理和准则。无痕山林即是处理人与自然关系时应遵循的行为准则，它关于人在自然中应恪守的道德价值，此种价值基于对自然整体的了解与科学的基础，形成发自内心的行为准则，也就是“没有人看着时你会做的事情”——如果明天就是世界末日，从现在到最后一刻还是要做的；如果四下无人的时候，还是如同呼吸一样照常要做的；即使下了山，离开了原野森林，回到都市，还是要落实在日常生活的；即使身边的人都不这么做，我还是要依照这样的原则，更要反过来以身作则去影响其他人。

作为伦理，在不同的情境下，同样的原则也应有不同的实践。书中七个简单的原则，提及在不同的环境条件下，不同的人数规模，都会有不同的减少冲击的作法。最常见的就是“集中或分散”，例如行走在坚实的地表，在有砂石、岩盘处集中行走，在脆弱植被、少人的原始环境，选择分散行走，何时集中何时分散，必须在心中对自然有整体的了解与敏感度，才能不断动态地衡量与调整。美国自 20 世纪 80 年代展出无痕山林原则之后，至今已经有针对各类专业户外活动的原则，不只登山健行，还包括探洞、山地自行车、攀岩、海洋舟、骑马、钓鱼。针对各类活动环境，如阿拉斯加冻原、落基山脉、沙漠和峡谷、内华达山脉、五大湖区、东南地区、北美西部河流走廊、东北地区的山脉、西北太平洋沿海地区等也制作了内容细致的手册，甚至还有儿童版。

中国大陆能够翻译引进这本手册，可以说具有重要的意义。当前中国大陆遇到的问题，正是当年美国所发生过的。当人类经济发展到一定程度，人们就会产生去户外的需求，而过多人潮的涌入，不仅造成自然环境的负担，同时促成经济发展的工业模式与过度的开发，也对环境生态造成破坏，使人们越来越难享受大自然。无痕山林原则希望唤醒人们的自觉与反思，应对人类在发展过程中遭遇的生态难题，找到从一己做起的可行途径。因此，虽然是翻译，但并不是舶来品的新观念，而是高度共通的原则。自然之友·盖娅自然学校的伙伴们合力翻译出这本书，具有里程碑的意义，接下来期盼有更多志愿者加入，一起强化在中国各地更细致的科学研究，以此作为基础让无痕山林原则更“在地化”。

无痕山林也不是只有在荒郊野岭、人迹稀少的山上才需要考虑。偏远的原始环境理当以自然为主，人们进入其中确实要做好充分准备，而且要确保不留痕迹。但其实原始环境往往有法规保护，人们自觉意识也会较高，能够前往的人也相对较少。相比之下，城镇近郊的地区往往承受更大量的游人冲击，经济开发对环境的影响更大，因此选择适合个人需要的近郊地点出行，学习必要的知识技能，出行时尽量减少对环境的影响，也要做到无痕山林。更重要的是，在出行之外，日常生活中也应思考如何落实七项原则。例如，尊重其他野生动植物，书中提到如何避免熊的攻击，就综合了多项原则，除了将有气味的食物放置离露营处较远的地方，还提到不能喂食改变习性，要把剩食与清洗食物的残渣带下山。然而，更根本的其实是人们的开发侵入、压缩了野生动植物的栖息环境，这值得我们深刻反思。

无痕山林思辨的还是数量的问题，而非某种行为本身绝对的对错。举例来说，也许在温度高、发酵降解速度快的环境下，把吃剩下的本地产的果皮种子埋在土中并不会造成严重的环境问题，但是当这样做的人数很多的时候，仍然会对自然环境造成冲击，这就是乘法倍数的困境。在中国大陆当前的结构下就是难题；但是反过来说，如果逆向思考以除法削减的方法，只要每个人自行做到垃圾减量，在休闲活动和日常生活中应用 3R 原则——减少使用（Reduce）、重复利用（Reuse）、循环利用（Recycle），那么绝对数量也有可能成为解决问题的方法。无痕山林就像是一个小支点，七项原则就像是物理学中的原子，可以扩及所有整体的、方方面面的环境保护运动的大尺度。中国大陆的环境对地球的健康是一个关键指标，如果中国大陆的环境观念能够普及，地球的健康就能延续下去。

也许有人会说，要做到无痕山林，最简单的方式就是人们都不要进入自然。果真如此吗？其实，人们根本不可能自外于自然，只是城镇化的结果使我们误以为我们已经与自然脱离了关系。新一代的年轻人可能会以为：食物来自超市，垃圾只要进入焚化就一干二净，塑料原本就存在而且代表干净便利，填平一块湿地或海岸没有什么影响……但无论支持人的生活的资源与容纳人生产的废弃物的环境，无一不是自然，而人原本也是自然万物的一分子，我们对自然所做的也终将回到自己，因此保护自然才能保护自己。而如果要保护自然，了解人与自然的关系，就要去领略自然之美，而深入了解自然环境的认识过程将提升你判断不同户外行为后果的能力，也就越能思辨在不同环境下适切的低冲击的行为伦理。

但仅仅是落实无痕山林还只是最低标准，我们只是学会热爱大自然的同时，能够减少自己对自然有意无意的伤害，宠溺不至于致死。但是如果崇拜与热爱自然，还是从“以人类为主体、自然为客体”的角度出发，只是在“利用自然、取用自然”为己所用，即使是去自然里面游玩休憩，也只是当作逃避的处所，同样也是带着功利的眼光去利用自然，终究难以将无痕山林从户外行为伦理的层次，提升为从“爱人、爱地球”的角度出发的环境伦理。

如果我们对待自然的态度真的以爱出发，我们利用地球的资源就会非常谨慎、节俭，而且非常小心后果；在自然的循环之中，我们只是暂时借住，还应考虑到其他的使用者，包括动植物，以及还没出生的下一代。当我们可以不带功利地欣赏自然的美与完整，我们才能成为负责任的地球旅人，缩小我们的占有与宰制，在我们离开地球的时候，也才能尽量不留痕迹，保留给世世代代其他人与万物自我发现与成长发展的乐趣。就从这本书、现在、自己开始，向无痕地球的目标有意识地迈进。

前　言
Preface

美国的公园、森林和野生动物保护区保留了全世界最壮观的景色和最原始的自然环境。美国的国家公园系统享誉全球，被称为“美国的最佳创意”。同样，美国在管理公共土地方面的经验和专业性也堪称全世界保护区土地管理者的典范。不过，这并不意味着美国的公共土地无需面对重大威胁——空气污染等外部威胁和过度观光、过度放牧等内部威胁。在公共和私有土地游憩，可能会对其产生负面影响，被人们观察的动物也会受到搅扰，还有可能影响其他游客的游览体验。具体而言，就是会踩踏原生植被、侵蚀土壤、搅扰动物、游客彼此拥挤或产生冲突。虽然一名游客并不足以造成这些后果，但是考虑到游客整体的庞大数量，累加起来的影响就很可观了——单是联邦政府土地管理局所报告的近几年游客数量就已累计超过9.3亿。再想想看，到各级公园、森林和住家附近开放地带游览的人数就更多了，所带来的影响想必也更为严重。

为此，与土地管理相关的联邦政府机构和美国户外领导学校 (National Outdoor Leadership School) 于 1994 年共同开发了无痕山林 (Leave No Trace) 项目，以推广减少环境影响的户外技能和行为准则。项目由无痕山林户外行为准则中心 (Leave No Trace Center for Outdoor Ethics) 指导进行，该中心是一个以教育为宗旨的非营利组织，致力于在全世界户外运动领域推动负责任的游览以及有效的环境管理。中心通过教育、研究、与其他机构紧密合作和志愿者项目等多种形式来达成自己的使命。无痕山林户外行为准则中心：

- 认为，想要保证人们在自然环境中获得休闲和享受体验的同时，又能保护自然环境免受游览造成的影响，最好的方法就是教育；
- 以户外行为准则为本，也就是促使人们通过认识和接触自然环境，来产生一种主人翁意识；
- 以科学为基础，构建合乎准则并切实可行的方法，指导人们在各种户外休闲与享受活动中保护资源；
- 努力与致力于教授和传播无痕山林理念的教育项目、志愿者群体及其培训项目、教育家、土地管理机构、相关组织和公司的伙伴建立重要关系。

在美国以及全球其他许多国家，推动低环境影响（low-impact）理念和实践的无痕山林项目已经发展成为非机动化户外运动 (nonmotorized outdoor pursuits) 领域中开发最完备的且传播最广泛的课程体系。联邦土地管理机构已经全面采用无痕山林做法，并传达至各下级土地管理机构、户外休闲产业和许多私营组织（男童子军、女童子军、美国露营协会等）。

无痕山林项目旨在传播户外活动中的低环境影响最佳实践，其核心内容是七项基本原则。无痕山林的做法适用于任何户外游览形式，既可以是远郊或人迹罕至的荒野，也可以是社区公园或自家后院。无痕山林的原则和实践做法既尊重其他户外游客，也尊重我们共同享有的自然环境。而这些原则正是来自于人类对自然恒久以来的这份尊重。对自然的敬意，再加上良好的判断能力和保护意识，就能让你在自身所处的独特环境中对无痕山林原则应用自如。让对自然和野生动物的热爱成为你的行为指引。从自我教育做起，将学到的无痕山林准则与技能应用到户外活动当中，然后再传播给他人！

如果你想了解更多无痕山林项目的学习资料和课程信息，请登录以下网址：www.LNT.org。

引 言
Introduction

“土地伦理的概念扩展了传统社区概念的边界，将土壤、水、植物和动物归入其中，即土地本身和它所承载的一切……简单来说，土地伦理这一概念将人类的角色从土地征服者转变为土地共同体上的一分子，以及该共同体中的公民。这个概念传递了对于环境和其他物种的尊重。”

——奥尔多·利奥波德（Aldo Leopold）

1970年，美国参议院议员盖罗德·尼尔森（Gaylord Nelson）设立了世界地球日，来提升公众对于地球自然环境的关注和保护意识。“太多的爱是否令我们的公园不堪重负？”这个问题被反复提起，说明了即使是那些保护区，也越来越多地受到户外休闲活动的影响。每年都有成百万、上千万户外爱好者走出家门，遛狗、溪边徒步、步道跑步、林荫路骑行、池

无论是在自家附近还是在人迹罕至的荒野游览，践行无痕山林准则都是长久保护我们所共享的环境的最好方法。——本·劳恩（Ben Lawhon）

塘垂钓、顺流划船、野餐等活动不一而足。人们的初衷或许不尽相同，但大多是想要重新接触自然、锻炼身体、欣赏风景和观赏野生动物。然而，这些行为在满足我们自身需要的同时，很可能会让我们所到之处的环境和物种付出惨重代价。大自然是脆弱的，我们的到访有时会在无意之中扰乱环境。

奥尔多·利奥波德在《沙乡年鉴》一书中指出，“如果一件事有助于保持生物世界的完整、稳定和美，它就是对的；否则便是错的”。只要我们愿意负起自己的责任，去学习和践行无痕户外行为准则和具体做法，每一个人都能做出“正确的事情”。

请对自己做出承诺，尽量避免或降低自身户外游览对于自然资源和其他游客体验的影响——只需你在游览时做一些小小的改变，就能完成这个承诺。

拓展无痕山林内涵，满足近郊旅行需求

无痕山林行为准则致力于推动在户外环境中保护生态健康和舒适体验所必要的管理方法。无痕山林项目最初主要针对荒野地区和远郊的环境保护，而现在其范围已经扩展到游客更常涉足的近郊地区。近郊地区指的是游客方便开车前往，并且大多能够当日返回的地区，比如住宅附近的自然保护区，以及大型公园和森林环境中开发相对成熟的区域。近郊游览通常包

括在家附近的小径上散步、逛逛地方或州政府所属公园、开车到开发好的营地露营，以及公司野餐会、俱乐部组织的徒步、教会小组郊游、童子军露营等大型团队活动。大约 90% 的户外休闲活动和游览都发生在这些容易到达的自然环境中，在这种情况下，无痕山林户外行为准则中心与公共土地管理部门和其他机构合作，将教育活动的对象拓展到这些区域的游客。由于这两种游览方式本身的区别和景区在设计和设施上的差异，近郊游览的无痕山林原则具体实践方法也可能会与荒野中的实践方法有所不同。本书旨在帮助读者全面理解如何在近郊（Frontcountry)、远郊（Backcountry) 和荒野（Wilderness）践行无痕山林原则。书中所包含的原理和研究成果，有助于促使户外旅行者采纳我们所推荐的低环境影响做法。本书结尾处的“扩展阅读”板块提供了一些资料，其中包括了无痕山林做法背后的科学原理，想要了解更多的读者可参考扩展阅读附录二第 149 页的内容。

无痕山林做法适用于多种户外活动（当日活动和过夜活动皆可，公共土地或私有土地皆可）。近郊的景点人流通常较为密集，游览形式可能会比较独特，所以相比在远郊环境中的活动，在近郊活动中的低环境影响做法也会有所不同。近郊景点可能会遇到大规模团体野餐露营、遛狗与宠物排泄物、擅入私人土地、引入和扩散外来物种等问题。人群拥挤和冲突等负面体验也更容易出现在近郊地区。

虽然无痕山林项目根植于对荒野和远郊环境的关心，但其方法和准则对于近郊游览同样重要，因为将近 90% 的户外游览行为都发生在近郊。——**本·劳恩**

图中的指示牌说明如下：

上：现已进入游览区域

中：此处营地禁止生火

下：本条步道是由普德尔荒野志愿者维护。普德尔荒野志愿者（Poudre Wilderness Volunteers）是美国森林管理局（U.S. Forest Service）合作伙伴之一。

远郊地区通常地处偏僻、不易到达，缺少甚至完全没有游客服务设施，但有些知名的远郊景点也会吸引大量游客造访。随着游人数量不断增长，我们必须学习如何维护野外环境的完整性和特色，以此来保护所有野外生物。希望各位读者能够负起责任，学习如何尽量降低环境影响，然后与他人分享知识，以避免或减少人类的户外行为对自然的影响。

无痕山林行为准则和做法以七项基本原则为核心，但它并不是一系列固定规则，而是希望游客意识到自身游览行为可能会对户外环境和其他游客的体验造成影响，并找到适合自己的方法来避免或降低影响。随着户外经验的增加和环境意识的提升，游客自身也会逐步建立对自然环境的尊重和保护意识。无痕山林是户外行为中应遵守的准则，旨在向你传达保护环境的观念，请你自觉爱护所到之处的自然环境，用行为去维护环境以及环境所提供的体验质量。

想想所有户外游客加在一起能够带来的效应，就会认识到无痕山林的理念和实践无比重要。一个选址不当的露营点或营火点或许并没有多大危害，但若是千百万人都如此行事，则每个人的户外体验都会大打折扣。确保所到之处不留痕迹是每个人的责任。

无痕山林技巧与行为准则参考资料

如果您希望了解更多有关无痕山林的学习资源，或是查找相关课程与培训，请登录无痕山林网站 www.LNT.org，或拨打电话 1-800-332-4100。同时，还可以参考本书“扩展阅读”模块（见附录二，p149）。您可以从 15 本（或 15 本以上）系列手册中获得更详细的无痕山林实践信息，包括在不同环境（如美国东北部山区、落基山脉、沙漠和峡谷）以及不同游览活动（如骑马旅行、洞穴探险、独木舟）中如何实践无痕山林准则。登录 www.LNT.org 可获得完整书单。

PRINCIPLES OF LEAVE NO TRACE

无痕山林基本原则

行前充分计划与准备
Plan Ahead and Prepare

成功的出行需要事前充分的规划与准备。提升自己的户外知识和技能，了解即将到访的地方，仔细规划行程，携带恰当的装备，可以帮助我们提升每一次户外旅行体验的品质。

提升个人户外知识和技能

户外知识和技能是确保户外旅行安全和愉快的必备要素。无论是到森林小径徒步，在当地公园观鸟，还是划独木舟穿行于湍急的河道，都需要具备一定的户外知识和技能。你和同行的伙伴是否了解这些能够让你们的户外活动顺利进行并降低环境影响的知识和技能呢？举例来说，在不同环境、活动类型和季节中所需的徒步和露营技能也会有所不同。你可以自己去学习这些知识，也可以邀请具备这方面能力的朋友同行。找机会学习、提升自己的户外知识和技能，再把自己学到的教给家人、朋友和同行伙伴。请时刻牢记，如果准备工作不充分，又缺乏户外知识，一次简单的徒步也可能会让你陷入可怕的境地，甚至威胁到整个团队的人身安全。随意选择露营点，营火点位置失当，或是急救考虑不足，也会对周围环境造成影响。

行前准备时要将无痕山林理念贯穿其中。可以从阅读这本书开始，然后把书中推荐的做法分享给同行伙伴。也可以考虑接受无痕山林初阶讲师或高阶讲师培训（请见第 125 页，课程

事先了解出行目的地是降低自身出行影响的最好方法。进入步道之前的信息展示处通常能够为你提供关于游览特别事项和规章制度的详细信息。——艾利森·博兹曼（Allison Bozeman）

部分）。如果想了解更多无痕山林教育资源和相关课程，请登录网站 www.LNT.org。

无痕山林实践就是在个人知识和能力范围内选择能够将环境影响降至最低的方案。学习相关知识可以帮助你避免或减少户外游览时对环境的影响。

预先了解你将要造访的地方

先了解，再出发。对户外游客而言，有些环境或许并不熟悉，而私人土地所有者和公共土地管理机构往往都会推荐一些做法，希望你能尽心学习并合理应用。例如，通常的规矩是人们通过篱笆门之后要把它恢复原样，还有带狗出门要拴狗链或只能在指定地点停车等。出发前，应向土地所有者或者管理方咨询清楚，并确保团队中的每个人都了解并遵守这些规矩和规定。倘若人人如此自觉，这些地区就会继续向外开放，而且还会减少规定数量。大多数公共游览区都有网站，你可以从中找到相关指南——做行前准备时可以参考这些内容，也请把电子链接或打印稿发给朋友或同行伙伴。

首先需要选择自己想要去哪种类型的地区游览，事先了解清楚——找出最符合你要求的目的地类型，然后再做全方位调研，这样就能避免在游览中浪费时间。

如果是去公共游览区，要记得寻找并仔细阅读所有规章制

会用地图和指南针是基本的户外技能。请根据团队成员的期待和技能水平来设计路线。——杰弗里·马里恩

度，同时也要找些游览技巧和建议。需要注意的是，不同地方的规章制度差异很大，甚至在同一保护区内的不同区域都不尽相同。例如，在同一旅游区里，可能会根据具体地点和季节性火灾风险规定，在有些情况下可以生营火，而有时不建议这样做，有时甚至完全禁止。同样，有些区域只是给出了对游览团队规模上限的建议，而有些则实行了严格的游览人数限制。如果你无法从网上找到游览指南，可以致电或者去游客中心获取相关信息。最好能在行前完成全部调研，这样就可以按照对应

信息来计划行程。以下信息需要特别关注：

- 驾车地图 / 方向指示
- 标示了步道、水源和露营点的详细地形图
- 适用于你的游览活动和地点的规章制度
- 包括无痕山林在内的相关机构推荐的户外行为方式
- 露营、营火、宠物、团队活动、钓鱼、野生动物、食物和垃圾处理方面的政策
- 有关当地动植物种群或是历史文化的博物学知识
- 当地的自然灾害信息
- 紧急联络信息

仔细规划行程

那些圆满顺利的户外探险几乎无一例外地都在行前进行了周密规划。即使是单日徒步，也要做很多准备，包括了解方向，带地图和指南针、食物和水，穿恰当的鞋子和衣服，了解路线和难度。你需要预判可能会出现的问题并对此有所准备，常见的问题包括天气变化、脚踝扭伤、步道标记不清、找不到厕所或溪水暴涨导致过河困难等。准备好应对极端天气、灾害和意外事故，带上卫星定位器和能够充电的手机（注意，在许多偏远地区可能无法正常使用手机）。做好应急方案，以防出现意外事件迫使必须改变原有计划。随身携带当地相关部门(例

如当地治安官、土地管理机构和当地救援队）和你团队成员的紧急联络信息（父母、监护人或至亲）。记得将你的出行安排和日程交给一位值得信任的朋友或是家人。

将无痕山林实践方法分享给你的团队成员并给予大家充分指导，这样可以减少你们的出行对环境和其他游客的影响。请时刻注意你们的出行会对环境和其他游客造成哪些影响。

“绿色”出行。制订游览方案时，请尽量选用公共交通方式，如乘坐火车或长途车。许多国家公园都提供公共游览车，请充分利用，可以提前到网上搜索交通信息和时刻表。如果是团队自驾出游，请通过拼车等方式尽量减少汽车数量。这样可以缓解交通拥堵，热门国家公园和森林的停车位也不会那么紧张了。

制订游览计划。将游览时间规划在非高峰期，以避免人流拥挤。如果大家都有错峰出行意识，不但可以减少拥挤情况、避免游客间冲突，还能减少对景区的影响，比如为承载大量人流而拓宽游览步道，以及人为“制造”或扩展新的景点和露营点。如此安排，你和同伴也能收获更多宁静的体验，提升游览品质。避开人流高峰的节假日，就更容易找到停车位和露营点。可以想象，在游览高峰期，热门的野餐地、大片的露营地和开发完备的景点一定非常嘈杂。如果你不得已赶在人流高峰时期到达热门景区，请尽量避免或快速通过瀑布或观景台等最热门景点，不要将自己置于拥挤人潮之中。

在人流高峰期，想为你的团队找到一片规模合适的露营地是相当困难的，尤其是在热门景点附近。多带一些盛水容器，你们就可以到一个远离水源、游客较少的地方露营。提前和当地土地管理部门沟通，根据他们的指导，选择最适合团队需要的游览路径和露营地点，别忘了问清楚是否需要露营许可。有些地区的露营许可配额提前半年就用光了！

对于某些地方来说，特定季节或者其中特定区域的环境比较脆弱，在这种情况下进行游览可能会造成更大的环境影响，所以在制订游览计划时应尽量避开这些时段或区域。例如，在雨季或融雪季，因为此时道路会变得非常泥泞湿滑。也应尽量避开野生动物的筑巢期、繁殖期和哺乳期。如果你一定要在这些时段游览，请提前和管理方联系，找到承受力相对最强的步道和环境脆弱性最低的区域。

选择成熟的步道和露营点。除非你是探路高手，同时又自信可以做到将对环境的影响降至最低，否则还是建议你选择正式的、已经发展成熟的步道和露营点。将你的户外行为集中在开发较为完备的区域，能够避免破坏人迹罕至的处女地——这些地方往往需要更为完备的技能才能确保将对环境的影响降至最低。如果你的探险中包括离开已有路径的安排，请尽可能地将团队分成小组，让有经验的组长带领大家分头徒步、扎营。如果大量人群扎堆，那么营地的规模也会相应变大，这样就会很难恢复自然原貌，后来者会继续使用这块新开辟出来的地方。

研究表明，产生新的环境影响只需很短时间，但环境恢复则需要数年甚至数十年。本书后文提供的指导将会帮助你尽量避免此类影响。请记住，你我共享着地球上有限的资源。

携带正确的装备

“户外必备十样”装备。关于户外活动的“十样必备”物品，有很多不同版本的说法，不过大部分人都认为，有几样探险装备对于户外爱好者来说是必不可少的。正确的装备能够保障你的旅行安全和舒适性，同时减少对环境的影响。目的地和活动类型不同，所需工具也会有所差异，但行前对着“户外必备十样”装备清单进行准备总是个好的开始。结合这列清单和“无痕山林必备物品”提示，你就能做到避免或减少对于环境和他人的影响。

十项必备

1. 地图、指南针和 GPS 导航仪
2. 手电筒
3. 备用食物
4. 饮用水 / 水质净化设备
5. 备用衣物
6. 雨具
7. 火柴 / 点火器
8. 防紫外线用品
9. 小刀
10. 急救装备

“无痕山林必备物品”提示。穿一双适宜户外活动的鞋子，它能让你持久行路，并且避免在泥泞的路上将步道踩得更宽。带上垃圾袋，将你和同伴的所有垃圾打包带走。用包装盒或者

提前准备降低环境影响所需的装备。一块小小的百洁布就能够很快处理好脏碗碟。一片玻璃纤维纱网可以过滤洗碗水。炉火和蜡烛灯则能代替营火来做饭和照明。再带上一把轻型小铲子用来挖猫洞掩埋排泄物。——杰弗里·马里恩

其他容器保存食物和垃圾，并用网片把洗碗水中的食物残渣过滤出来，避免野生动物获取人类的食物。

如果需要用到登山杖，尽量使用橡胶头的而不是金属头的，这样可以减少对植物、土壤和岩石的伤害。就算出门遛狗也需要提前准备——给宠物拴上狗链，随身携带塑料袋来处理狗狗排泄物。

“零废弃”出行。想要去野餐或者露营？和你的团队一起来挑战“零垃圾”或“零废弃”目标吧！你们可以选择可重复利用的容器或餐具来装所有食物和饮料。如果条件不允许，那就带可以拿回家再做回收利用的容器。将你准备的食物重新打包，缩小体积、减重、减少垃圾，并详细规划你所需的食物份量，避免产生食余垃圾。请重复使用食物容器和自封袋，它

们可以用来装垃圾和剩余食物。活动结束后，对产生的垃圾进行评估，这有助于今后加以改进。试试这些简单的方法，你会惊讶地发现，其实很容易就能避免产生垃圾，为土地管理方减轻收集和处理垃圾的繁重负担。另外，垃圾很容易吸引野生动物，所以在户外是很难恰当储存的。如果野生动物食用垃圾，就很可能受到伤害。在另一些情况下，本来是在野生环境下生长的动物会因为人类垃圾储存不当而发生一些行为上的改变，给游客带来麻烦。这些接触到人类食物和垃圾的动物常会给游客的人身安全带来威胁，有时使得管理部门不得不捉捕或转移，甚至杀死它们。

最后，我们还需要注意洗碗和处理食用油、食物残渣和洗碗水的过程中如何能够降低对环境的影响。请尽量使用可以生物降解的肥皂，携带厨用过滤网或一片玻璃纤维纱网来过滤食物残渣,用容器将用过的烹饪油和烤肉中析出的油脂装好带走。如果你是在已经开发完备的营地露营，请与土地管理部门或护林队确认应如何处理可循环利用废水，并携带一个容器来将它们导入水槽或污水坑。如果是自驾，你甚至可以做到“零废弃”出游，离开时将所有东西都带走。

选择不同的做饭方式。你在户外出行中是否需要做饭或者使用明火呢？在这方面，有多种不同方式可供选择。便携式炉灶最简便，对环境影响也最为微小，有适合背包旅行的轻型炉灶，也有体积较大的双灶头液化气或丙烷气炉灶。另外，如果当地允许使用明火的话，可以考虑用木炭做饭。如果选择木炭，则要使用当地提供或允许使用的便携式烤架，并确保木炭充分燃烧，冷却之后用容器装上灰烬，带到能够接收这类垃圾的地方或者带回家处理。

大多数对于环境造成的重大影响都是由营火带来的，而这样的影响通常可以避免。所以如果决定生营火，就需要承担起额外的责任，掌握相应的实践技能来减少环境影响。

食物包装可能会给户外环境带来不必要的废弃物。同样，这也是可以避免的。出发前，拆掉食物的过度包装，既可以减轻行李负担，也能够减少需要带回的垃圾。——本·劳恩

提前和土地管理方确认是否可以生火，以及允许生火的地点。很多公园或森林管理部门都记录了由生火带来外来物种危害的大量实例。游客所携带的木柴中，往往带有外来昆虫，这些昆虫具有很强的侵略性和破坏性，会对当地环境构成危害。因此，管理方并不建议游客自带木柴生火，甚至有很多州或者保护区已经明令禁止了这种行为。游客自带木柴中所含的昆虫、幼虫或者虫卵、真菌孢子等会危害当地植物，造成持久的毁灭性影响。如果当地允许使用木柴生火，可以考虑携带自己家里或木柴商店购买的无防腐剂木柴碎屑，不过最好还是用人造木或是从营地附近买来的木柴。

建议携带一个金属火盘，垫高火苗的位置，来保护点火处旁边的植被和土壤。便携式矮脚烤架、金属油盘、垃圾桶盖子或是小型圆盘式卫星电视接收器都可以当做火盘放在大石头上使用。还可以用各种便携的丙烷营火和蜡烛灯，这些营火设备对于环境的影响也较为微小。

最后建议，能不带的装备就不要带。特别是像斧子、锯子，这些工具在保护工程中很有用，但在露营中通常派不上什么用场，所以不建议携带。想要了解这个主题的更多内容，可以参见后文“野外用火影响最小化”原则（p65）。

食物储存的选择。无论是野餐还是露营，都要带上合适的存储容器，确保所有食物、“有味儿的”日化用品（护肤品、香皂和其他散发气味的东西）和垃圾都经妥善存放，让野生动物无法接触。与当地土地管理机构确认一下，哪些动物可能会对人类食物感兴趣，并咨询对食物存储方式的建议，然后根据这些建议带上安全储存食物所需的一切工具。一般来说，只要去的地方没有熊出没，盖子能拧紧或扣紧的大铁盒或塑料盒就足以保障食物安全。放在汽车里也可以。在熊出没的地区，因为有些熊已经学会了撬开汽车后门窗户和后备箱盖来获得食物，因此有些地方会严格禁止在车里存放食物。向土地管理部门咨询他们推荐的储存食物建议，比如悬挂熊袋，选择带锁的金属容器，或者采用其他允许使用的防熊工具。

厕所的选择。对于无痕山林必备物品这一话题，最后我们要讨论的就是便携式人类排泄物处理设施。在没有厕所的地区露营时，可以考虑携带一个可移动厕所，尤其是在你的汽车、船或背包有足够空间的情况下。在网上可以找到这种设施，调研之后可根据自身情况作出选择；很多都是轻便设施，还有一些甚至有隐私保护屏障。远郊地区土地管理部门通常鼓励游客带走自己的排泄物，有些地方甚至对此有所要求。你可以在网上找到户外厕所清理工具箱，回程时可以将装好的排泄物一齐丢到垃圾桶。如果用传统的猫洞来处理粪便，记得带一把耐用的挖土铲子。最后，所有的女性卫生用品都需丢入垃圾箱，而不能丢在厕所、猫洞或营火中。

在可承受地表行走和露营
Travel and Camp on Durable Surfaces

研究显示，车辆行驶和人类踩踏很快就会对植物和土壤产生影响，之后的恢复时间则相当漫长。在热门旅游区域，建议团队选择最坚固的地表集中行动，而在较为原始的区域，则要分散行动以避免造成可见影响。

将环境影响降到最低的驾车技巧。无论是驾驶汽车、沙滩车还是摩托车，往返于游览目的地时，都可以通过采用一些简单技巧来降低环境影响。最重要的是，负责任地驾驶，不要偏离规划好的公共道路，如果要在私家道路上行驶，则需获得相应许可。在当地条件允许且确实有必要离开正式路段行驶时，也只能开到干燥地表。尽量减少不必要的驾车，并选择在最坚固的地表行驶。与当地土地管理方确认之后，找到最适宜的驾驶路线和规划好的安全停车场所。避免在泥

很多游览区都有硬化路面。游览时，应尽可能在这些路面上活动，以免伤及路边植物和侵蚀土壤。——本 · 劳恩

泞的土路上行驶。根据路面宽度和路况，选择合适的车辆，注意绕开排污孔或其他障碍，否则就会扩宽现有道路并增强对土地的影响。要为骑马、徒步和骑山地车的行者让路。带回所有的垃圾，在出行前后检查并清洗车辆，以避免外来物种传播。清洗车辆要十分彻底，这样才能洗去车身和底盘上的全部泥土，将外来物种的种子去除干净。如想了解有关将环境影响降到最低的驾车技巧的更多内容，请参考 Tread Lightly 网站：www.treadlightly.org。

在可承受地表行走和露营

可承受地表和脆弱地表。可承受地表包括人行道、岩石路、碎石路、雪面或冰面，还有已建成步道和游览点的光秃土壤表面。在没有植被的可承受地表行走和活动，能够避免踩踏植物，尽量减少游览痕迹。如果周围没有可承受地表，请选择没有植物生长的落满原生态“有机杂物”（比如落叶、松针）的地方，或是表面干燥的草甸子。研究显示，草地是有植物覆盖的地表中承受力最强的一种，尤其是生长在湿润（而非潮湿）土壤中并且可以接受阳光直射的草地。对于大规模露营或是野餐来说，干草地通常是最合适的选择。

学会辨认并避免接触脆弱地表，包括长着高大的阔叶植物或杂草、蕨类的地表，潮湿的土壤，陡峭的斜坡和生物土壤结皮（也被称为隐生土壤）[1]。大多数生长在荫蔽处的阔叶植物枝茎很脆，易被折断，即使是轻轻走过都有可能碰坏。在干旱之地，土壤藻类、蓝细菌、细菌、真菌、地衣、苔藓等植物是隐生土壤的生物外壳。这层外壳可以有效防止土壤遭受侵蚀、保持土壤水分、固定大气氮，然而它也非常脆弱，容易被人流伤害。

无论是驾车、骑行、徒步、野餐或休息，还是露营，做任何活动时请积极寻找最坚固、耐受力最强的地表。向你的团队介绍什么是可承受地表和脆弱地表，帮助他们避免侵入敏感性植物和土壤所在区域。

在已建立的步道和游览区域集中活动。研究显示，哪怕是轻量践踏也会快速破坏地被植物和有机杂物，开始的第一年就会给土地带来显著影响。然而，与之相对的是，土壤所需的恢复时间十分漫长——践踏过后的步道和游览区要想恢复到自然状态，往往需要 10 到 30 年！这些研究带给我们的重要启示就是：游客应在已开发完备的开放步道和游览区域集中活动，避免扩展其范围或是“制造”出新的步道或游览区。如果离开已有道路，去原始区域活动，那么你们团队给自然环境造成的影响会进一步增加。到原始区域行动需要更强的低环境影响技能知识和相关经验，以及对如何避免产生持久影响的仔细考量。基于这些原因，只有在无痕山林行为技能熟练的团队分头行动时，才可以去未经开发的原始区域探险。

① 又称生物结皮，是沙漠中重要的地表覆盖类型。主要分为藻结皮、地衣结皮和苔藓结皮。——译注

在雪地、水面或沼泽地徒步需要提前做好准备。走过这些区域可能会侵蚀土壤、破坏路边植被、扩宽原有道路。——戴夫·温特

在热门区域集中活动

在热门的近郊或远郊地区，尽量将活动集中在已有正式标识或已经建成的步道上和开发完备的地方，比如此类野餐地、休闲点、景点和露营点。在正式步道和已建好的游览点活动，能够确保将行动集中在硬化地表或荒芜地表，以免践踏更多区域造成更大伤害。

保护步道。在游客众多的游览区，找到已经标识或者已有人走过的步道，只在这种道路上行走和活动。正规步道在设计时通常考虑到了使用的可持续性，更加安全便捷，在上面行路速度更快，并且已经在地图上标识出来，不易迷路。研究显示，大多数未经标识的“非正规”步道都是被游客“制造”出来的，很快会发生环境退化，影响到当地的敏感物种或珍稀物种。这些非正式步道还很可能会把野生动物栖息地切分开来，并加速外来植物的传播。然而有些户外游览活动确实需要经过非正式步道才能实现，比如去水边钓鱼或攀登悬崖峭壁。在这种情况下，则需减少“制造”或使用非正式、未经标出甚至可能违反规定的步道，尽可能地保护当地自然环境。如果活动需要离开规划好的区域和步道，除非能够在较为坚固的岩石或碎石路面行走，否则最好找一条久经使用的步道。尤其应注意，要避开还留有行人痕迹的步道和地区，以利于其修复。

要意识到，在步道边缘行路、绕过障碍物或者并排前行时，很容易扩宽步道或者踏出另一条平行步道。穿合适的鞋子能够避免这样的影响，因为这样可以将自己的足迹保持在步道中间——即使路面崎岖或者有些泥泞（途经排污深孔时，尽量沿着边缘通过）。如果留下的痕迹（蹄印、轮胎印或是靴子印）太深，则说明步道过于潮湿，不宜在上面行走，需要找一条相对干燥的道路。超过他人或被人超越时，也不要偏离步道或其他可承受地表。不要寻找捷径，尤其是在之字路线上，因为陡峭路面走出的捷径很容易被冲蚀成沟，修复代价高昂。也不要走上已经关闭的步道和区域，让它们有时间修复。

选择指定的或开发完备的露营地。在游客较多的区域野餐或露营时，请选择当地指定的或者依照规定开发完备的场地。向当地土地管理方或者私人土地拥有者寻求选址建议和相关规章制度，或者推荐的低环境影响做法。有些地方需要露营者提前获得土地管理部门的露营许可，并在指定区域露营；有些则只是建议在开发完备的区域露营。

无论进行何种运动，都要找到合适的场地，并在过程中避免扩大范围。如果你的团队人数众多或者带了许多帐篷，请分成小组活动，使用多块场地。只在最坚固的地表或者之前已经受到影响的地方活动，避免扩大场地面积。为了保护当地植被，请勿踩踏植物，避免交通工具行驶到场地之外的区域。最重要的是，请牢记，只要被一群人扩大了范围，场地就很难恢复到过去的大小，因为后面到来的人们通常会继续使用这块被扩展出来的新区域。

避免“制造”出新的游览地或露营地，避免使用刚被轻度破坏过的场地，以利于其修复。游览地和露营地的扩张是很多游览区都遇到过的显著问题。请与土地管理方沟通，找到可能适合你们团队需求的场地。向他们咨询有关团队规模、帐篷数量与搭建位置、食物储存、营火以及柴火来源的指导要求。露营时，要将所有帐篷、装备和烹饪设备都放在露营地中央附近。对于青少年群体来说，建议用大容量的帐篷，密集搭建在一起，以避免团队露营过程中留下过多“足迹”。尽量将活动集中在草木稀疏之处，缩小活动场地范围，保护周围植被，防止在核心活动场地之外再“制造”出一些“卫星”场地。然而，如果是在有熊出没的地区，我们建议将睡眠区域和烹饪或食物存储区域分开。在这些地区，土地管理部门常常会提供更为具体的露营指导，记得在前往之前进行查询。

好的露营地是找到的，而不是“制造”出来的。花些时间去寻找理想的露营地，而不是改造或改变现有场地。例如，可以自己携带轻型椅子，这样就不必移动附近的原木和石头。现代的帐篷和睡垫可塑性和舒适度更好，能够让露营地更耐用、干燥和舒适。用吊床可以更好地降低环境影响，但请尽量在没有植被或植被较少的地方搭建吊床，用能够起到保护作用的带子而不是绳子来捆绑树木，因为绳子可能会割伤树皮。固定帐篷时，千万不要挖起或者移动植物。只要有便携式炉子甚至是平整的桌面，你就可以在任何地方做饭而不需要点起营火。

保护露营地附近的树木和灌木免受伤害。当你扎帐篷、铺防潮垫、挂晾衣绳、往树上悬挂吊床或食物时，小心不要弄断树枝。不要使用铁丝或者钉子。如果情况需要，可以在绳子下面垫上卷起来的整理袋、一块旧毯子或其他能够保护树皮的东西。

同样，在点灯时也要注意不要烧焦树皮。为了生火而折断树枝会给树干留下难看的伤口，暴露在外的部分易受昆虫和疾病的侵害（参见 p65“野外用火影响最小化”部分中提到的有关收集柴火的内容）。如果要带着动物露营，请使用营地提供的悬挂轨道、在高处架设的索具、可移动的栅栏、横向拉绳或绑腿来把它们限制住，而不是直接将动物绑在树上。出行前，请先了解目的地对于动物安置的建议方式。提前做好准备，用对环境影响最小的方式来安置你的动物。

离开时，要让露营的地方保持干净，看上去状态自然——像你寻找露营地时愿意选择的地方。请记住，对后来者来说，你就像是这块营地的主人，他们会注意到你是否对人客气友善！扔垃圾、乱涂乱画、破坏树木、不好好处理人类和宠物的粪便、把食物洒得到处都是、留下不堪入目的火圈，等等，这些都是可以避免的环境影响。离开前，花些时间来捡拾这块地方的垃圾，无论这些垃圾是自己遗落的还是他人留下的。这个

已经开发出来的汽车露营营地通常会有一些方便使用的设施，包括：火圈、野餐桌、硬化过的搭帐篷处、附近的厕所和垃圾回收处。这些设施会有助于露营者减少露营行为的影响。——本・劳恩

小小的举动对人对己对环境都有好处。

大规模团体活动。如果你的团队规模较大，建议你们去成熟的游览区，并向土地管理部门咨询适合团队使用的野餐场地和露营场地（通常需要提前预约）。如果当地不能提供这样的场地设施，请一定确保在干草地上进行野餐和露营活动。要提

前准备好应对强烈或持续雨雪天气的方案，这可能需要你们带着装备转换场地；否则，车辆可能会陷入泥泞，或者因此留下很深的车辙，对当地环境造成严重破坏。请留意你们的到来对于附近植被的影响，如果发现植被已经开始出现受损现象，那么应该转换活动类型或场所。

在原始区域分散行动

你们的游览活动真的需要离开已有步道或者去到原始区域吗？如果不是的话，那么无论在近郊或远郊，都请在正式标识出来的步道上游览。要知道，在正式规划出来的步道和游览点行动，带给环境的影响会小很多，否则如果偏离地方，对自然环境造成伤害的可能性就大大增加了。如果已经决定要离开步道行动，那么请自觉承担更多责任，依照无痕山林准则行事。

步道之外的徒步实践。如前文所述，你在游览过程中可能会发现非正式的（也就是游客“制造”的）步道和游览点，它们与附近的正式步道和游览点唯一的区别就是没有标识。如果计划离开步道，可以与当地土地管理部门联系，寻求在这方面的特别指导，但要知道，离开步道活动可能会造成这些非正式步道和游览点进一步扩张。此外，研究显示，非正式步道和游览点的环境更容易受到影响，因为它们没有经过专业设计和建设，且缺少维护。

需要离开成熟步道行走时，要分头前进，避免留下明显痕迹，“制造”出新的步道。——杰弗里·马里恩

如果需要到原始区域活动，或是去到游览区中远离步道和游览点的地方，请分散你们团队的足迹和活动，避免反复踩踏对环境造成明显伤害。如果团队中的每个人的路径都与彼此略微岔开，就不会“制造”出一条新路，因为没有一株植物遭到多次踩踏。在这些区域活动，你们要本着尽量避免集中徒步

或活动的宗旨，以防给植物和土壤留下可见的伤害。避免使用非正式的步道和游览点，尤其是那些状况不好、需要修复的地方。即便只有几个人走过，或只是一个晚上的露营，都会大幅延缓这块土地恢复到自然状态。低频率的反复踩踏也会“制造”出新的步道和游览点，所以分散原则通常只适用于使用率低的区域。

避免留下“可见”的影响。团队分散的程度需要取决于你们所去到的地表类型。没有植物或地衣生长的岩石表面就可以承受集中通行。另外，铺满碎石且没有植物生长的海岸线、干枯的河道、积雪或冰面也可以集中通行。也就是说，只有在不会对当地植被、有机杂物或土壤造成明显影响的情况下，才能排成一队行进。在森林中行走或露营时，请尽量在高大密集的植物覆盖下几乎没有地表植被的区域活动。如果你不确定自己的选择是否恰当，就每过一会儿检查一下你们团队活动对环境的影响，通过更多地运用分散原则和在可承受的地表进行活动来减少环境影响。

对于脆弱的地表来说，即便是低频率或只是间歇性地在同一条道路上通行，都会很快形成游客创造出的非正式步道。越野步行者很快就会发现，地形和植被的分布通常令人不自觉地集中到障碍最少的路线上。请尽量避免这种情况，让团队分散行动，只有在岩石、碎石和雪地这样最为坚固的地表才能选择集中行动。

只在可承受地表停留，尤其是在游人众多的区域或游览胜地（如瀑布）及其附近，才可以减少踩踏对环境的影响。——本·劳恩

需要意识到的是，分散行动需要你和团队持续保持警觉，并且速度要比在步道上行走慢得多，过程也会更困难。要根据情况设计相应的行程。如果在需要分散行动的情况下没有做到，就会令新的非正式步道加速形成。很快，后来者就会继续使用这条道路，造成更多的环境影响。

分散露营。在近郊地区，通常禁止或不推荐分散露营或到“尚未开发的地方”露营，因为后来者很可能会反复使用这块土地。在游人较少的远郊地区，如果想要减小露营对自然环境的影响，可以选择最为坚固、耐受力最强的土地，并且在每个地方只停留一晚。请勿选择已有露营痕迹的地点，让它们有时间好好修复。可能的话，也请不要选择易被其他游客看到的区域、有植被的水边和能够看到野生动物出没的区域。为了便于扎营，可以挪动一些树枝或石头，但离开之前请把它们恢复原位。在森林里，用吊床过夜是更符合无痕山林原则的做法。

请选择地表最坚固的区域作为做饭用地，例如较为平坦的大型岩石表面、沙石或者没有植被覆盖的地表。如果找不到可承受地表，则可以通过限定行动范围和改变在用水点、休息和做饭区域之间的路线来避免“制造”出新的步道。时刻监控团队行为对环境造成的影响，在最坚固的地表集中活动，否则就分散开来——总之，要尽一切可能避免对环境产生持久影响。

离开前，将营地恢复原状并进行一些“伪装”——这样做的目的是让后来的人不会发现并再次使用这块地方。在受损地表盖上一些落叶或松针，把被压倒的地表植物或其他有机物恢复蓬松，将被移开的石头或树枝放回原位。有可能的话，请将一截原木或一些枝条放置在你们的帐篷和做饭区域之间，以阻拦后续想要重复使用的人。通常来说，森林地区每年可以承载一次露营，一次露营对森林不会造成持久伤害；而在没有植被的地方或者草原地区，一年露营几次也是可以的。如果需要在一个地方久留,那么一旦发现对植被或土地产生了持续性影响,就需要考虑更换露营地。

保护水源。在多数地方，河边或海边的沙滩或碎石岸是能够承受分散露营的。请尽量避开湖边或溪边，因为这些地方很容易吸引徒步、垂钓和划船的游人，进而容易被反复选为露营地。最好找到一处远离水源并且地表坚固或没有植被的地方露营，荫蔽的草地也可以。

如果需要去其他地方取水，请避免陡峭的斜坡，因为走过时容易令土松动而掉入水中。在干旱地区，也尽量避免在水源附近露营——因为水源是多种动植物在严酷环境中生存不可或缺的生态环境。另外，干旱区域的动植物通常对游览带来的干扰格外敏感。

妥善处置废弃物

Dispose of Waste Properly

通过承担起妥善处理所有垃圾的责任，保护所到之处的环境。践行“打包带来，打包带走”的口号，把自己和他人产生的所有垃圾和食物残渣回收带走。尽可能在每次出行时做到“无垃圾”或“零废弃”。

垃圾和食物

承担起保护所到之地环境的责任，确保不留下任何东西，防止野生动物接触包括橘子皮、蛋壳、咖啡渣在内的厨余垃圾或其他食物和垃圾。随身携带塑料袋，以便收集垃圾和食物残余，也可以考虑参加一些社区服务活动，把他人留下的垃圾捡起，带出大自然。如果条件允许，尽量使用能够防止野生动物吞食的垃圾容器，或者干脆把垃圾带回家，再做妥善处理。如果没有可回收垃圾箱，那就把东西带回家循环利用，减少土地管理者需要回收和处理的垃圾数量。如果有多余的食物，请带回家或直接送给其他旅行者。千万不要想着把食物留在那儿，以备动物来吃——这种做法比留下垃圾还要糟糕，因为野生动物会受到吸引，而且通常会吃掉这些被人丢弃的食物。

切勿投喂野生动物

切勿投喂野生动物，也不应允许它们接触任何人类食物或宠物食物，或人类留下的垃圾、食物残余和带有香味的洗漱用品。请彻底清理你所到之处的所有食物。哪怕只是掉了几片燕麦或是洒了一点面条，都足以吸引包括熊在内的野生动物。这样一来，熊很快就不再害怕人类，开始惹人讨厌，甚至有可能威胁人身安全。

接触过人类食物的野生动物常会被步道、野餐区、露营地和游人吸引，它们会带着攻击性向人类讨要食物，有时会很危险。这些满脑子想着人类食物的动物会对人身安全构成威胁，它们在寻找食物时，还会破坏背包和装备。就连饮料的味道都能吸引野生动物，所以一定要把饮料喝得干干净净。不要忘了，饮料瓶也会发散味道。无论任何时候都要把所有垃圾、食物、洒落的食物和有气味的物品妥善保存，防止野生动物接触这些物品。想要了解更多有关这一主题的信息，请参见 p79 页的“尊重野生动物”原则。

请仔细规划食物份量，避免产生多余食物。不然的话，还要用能防止野生动物吞食的垃圾容器回收，或者经过安全储存后再带回家做妥善处理。野生动物嗅觉敏锐，但凡带有气味的食物，都能对它们产生诱惑。要把食物焚烧得干干净净或完全掩盖其气味，是不大可能的。而填埋的食物又很容易被野生动物翻找出来。因此，焚烧和掩埋食物是不可取的。土地管理者称，去到野餐区和露营地的野生动物通常会直奔篝火圈，它们总能在那儿找到些吃的。出发时就要做好带走所有的垃圾和厨余的准备，特别是培根用油、食用油或其他带有气味的烹饪用品。一个森林服务项目研究发现，用篝火焚烧垃圾会释放有害气体并产生灰烬，这一过程中产生的各种有害物质，有些会对人体健康构成威胁。所以，一定不要焚烧任何垃圾或食物。

“打包带来，打包带走”。养成一个好习惯：在离开所到之处时，仔细检查各处是否有遗漏的个人物品、垃圾或食物。寻找并取回每一件物品（例如挂在树上的大手帕）和微型垃圾（例如从食物和垃圾上掉落或溢出的碎片）。这些东西不仅不雅观，对野生动物来说还可能是致命的。即便是像烟头这样的小东西，也一定要把它捡起来丢到垃圾罐里。烟头在水中会释放有毒化学物质，杀死鱼类，在陆地上则要十年才能分解。野生动物经常吃下食品包装袋、鱼线和挂钩，从狗到苍鹭等各种动物都受害于塑料制品，因其受伤或被其诱捕。

终极大扫除是防止“留下痕迹”的良方，既容易实现，又富有教育意义。可以邀请青少年来设计游戏或者比赛，看谁清除的“人类标识”最多，通过此举教授他们户外行为准则和管理工作。

即便是像桔子皮和花生壳这样的有机垃圾，也需要一年以上的时间才能分解；塑料和铝箔则需要更长时间，有时甚至多达几十年。如果你带着它们进入森林，请一定在离开时把它们带走；否则，它们只会成为垃圾！

“打包带来，打包带走”。任何食品、垃圾，甚至是可被生物降解的物品，都需要打包带走。焚烧垃圾绝不是明智之举，因为过程中会释放有毒物质，很难完全烧成灰烬，还会吸引野生动物来到焚烧点。——无痕山林户外行为准则中心。

宠物排泄物

还有比闻到或看到狗屎更糟糕的事情吗？有，踩到狗屎！在近郊和城市中，宠物排泄物已经成为一个日渐严重的问题，可能对你的家人和宠物带来严重的健康威胁，对社区居民和当地野生动物以及水资源亦有害处。以猫为例，猫在沙盒中掩埋排泄物时，可能会危害儿童健康，也会把某些疾病和寄生虫传播给野生动物。请考虑到宠物排泄物带来的潜在影响，承担起把它们清走的责任。有关宠物排泄物影响的研究日益倾向于设立相关法令，要求宠物主人回收并妥善处理宠物排泄物，否则会面临高额罚款。

所有宠物请注意！

你的排泄物会污染庭院和孩子们的玩耍区，给人类健康带来威胁，还会污染水质。依据美国疾病控制中心（CDC），一只狗一天的排泄物中含有数十亿个粪便大肠菌，还有贾第虫、蛔虫卵、十二指肠虫卵、绦虫卵。一些细菌和寄生虫可以在土壤中存活多年，之后仍可感染人类和狗狗。孩子们尤其容易感染狗狗排泄物中的寄生虫，因为他们总是赤脚玩耍，而有些蠕虫幼虫可以直接穿透皮肤。已有研究将足以导致水质超标、关闭海滩和伤害水生生物的水体污染归咎于宠物排泄物。例如，美国一份有关堪萨斯城流域的地质调查研究表明，当地水域中的细菌大约 25% 是来自宠物排泄物。

遛狗的时候，请带上塑料袋。可以买来宠物排泄物专用袋，把它夹在狗链上，或是利用旧报纸、杂物袋和三明治袋子。

把手伸进袋子内侧，捡起宠物排泄物，再把内侧翻到外面，然后把袋子封好口后丢到垃圾桶里。也可以使用市面上出售的“屎铲”(Pooper-scooper)。带狗过夜旅行时，另一个可供选择的方法是把宠物排泄物放到猫洞中，具体做法请参见 40 页和 41 页相关内容。回收宠物排泄物后记得洗手。请根据需要为宠物做定期检查和除虫，保持宠物远离蠕虫，身体健康。

人类排泄物

附近有洗手间时自然要用，但也要做好公共洗手间临时或季节性关闭的准备。洗手间的设备配置多种多样，有毫无隐私的原始蹲坑，有堆肥式厕所和旱厕，还有将排泄物冲进排水系统或污水处理厂的传统冲水马桶。使用之前，记得找一找有没有说明指导，仔细阅读，按要求使用。不管你找到哪种厕所，千万不要把垃圾、食物残余、用过的湿纸巾、尿布或卫生巾扔进坐便器——所有这些物品都应扔进垃圾桶或带回家再做处置。

厕所只能处理人类排泄物和厕纸，厕纸以外的所有产品都会干扰排泄物的处理过程（无论是冲水厕所还是旱厕）或分解过程（蹲坑式厕所和堆肥式厕所）。有些堆肥式厕所会有标识指导使用者如厕之后在上面覆盖一些有机物质或落叶，以帮助分解。公园和森林管理者会提供这些物品——请协助他们工作，合理使用厕所。

使用厕所时，请养成良好的环境卫生习惯。用肥皂和清水彻底清洗双手，避免传播细菌或病毒给其他人。如果没有洗手条件，可以用抗菌免洗液。保持厕所区域干净卫生、没有垃圾——把干净的厕所留给他人，正如你自己希望看到的样子。

附近没有厕所时，如厕之前就需要先做些计划和额外工作，以免对环境产生重大影响。合理处理人类排泄物，使其实现最大程度的分解至关重要，可以避免传播疾病（例如贾第虫、沙门氏菌和痢疾），可以将水源污染降至最低，并减少对他人的不良影响。

便携式厕所：在没有公共厕所的地方，可以考虑携带便携式厕所。市面上有很多便宜的便携式厕所，从轻便的折叠式厕所到电池供电自带冲水系统的厕所，种类应有尽有。许多简洁的折叠式厕所使用轻量折叠腿和可拆卸的座位，用来装排泄物的是可密封、防泄露的袋子。还有用一个标准五加仑（约22升）的桶连着一个塑料袋和可拆卸座位的。比较复杂的设计中包含抽水马桶和带冲水系统的水箱，下面还有排泄物收集器。帐篷式的私密隐蔽处可以使用多种便携式厕所。排泄物可以用以下方式处理：清理之后倒入垃圾处理设施或冲水厕所，或者包起来放入经过认证的垃圾设施。所谓经过认证的垃圾设施，里面含有的化学物质和酶可以使液体化为胶状，加速固体废物分解，同时还能除臭。这些产品必须按生产厂家的说明使用，以确保使用过程的有效性与合法性。

猫洞：没有厕所时，对于处理人类或宠物固体排泄物，最推荐的做法就是排入“猫洞”。在离水源、步道和露营地至少 60 米（即 80 步）远的地方，挖一个深 15~20 厘米，直径 10~15 厘米的洞。

好的猫洞选址要能够确保排泄物远离所有游人使用的区域和水源，包括湖泊、溪流、山泉和在暴风雨来临之际会成为水坑的沟壑。为了避免伤害植物和加速分解，需要选择一个植物稀疏、有机土壤层厚的地方。尽可能减少在露营地附近密集挖掘猫洞，可以在白天的行程中寻找一个更偏远的地方。

带一个铲子或者用结实的木棍来挖洞。把排泄物埋在平坦的岩石下不利于分解。将其埋在 15~20 厘米深的洞里，可以保证暴风雨来临时排泄物不会被冲进水源，不会被其他游客看到，也不会被传播疾病的苍蝇接近。尽可能使用未经漂白的、没有香味的厕纸，并查找当地处理使用后厕纸的指导方法。填埋时，用树枝把厕纸深埋到洞底，防止动物将其挖出。研究表明，除了在极端寒冷、潮湿、干旱的土壤里（例如高寒地区、沼泽地、沙漠），分解填埋起来的厕纸一般需要 1~3 年的时间。一定要把一次性湿纸巾、尿布或女性卫生用品带走，因为这些物品会吸引野生动物，而且分解速度非常慢。或者，也可以考虑把用过的厕纸用双层塑料袋装起来。不建议把厕纸放在猫洞中焚烧，因为这样有可能会引发火灾。

如厕完毕后，用铲子或木棍弄十几公分厚的有机质土壤（尽可能地）彻底盖住厕纸和排泄物。把排泄物和含有活跃微生物的有机质土壤混合，可以加速分解。用落叶把猫洞掩盖起来，再放上树枝，以警示他人。

土壤中的微生物可以分解人类排泄物，但研究显示，病菌仍然可以在猫洞中存活两年之久。因此，猫洞的选址一定要远离水源，并且一定要将排泄物深埋。切勿将人类排泄物或厕纸留在岩石表面或岩石下面。如果挖猫洞的方法不适合你们，那就选择在有公共洗手间的地方露营，或者携带便携式厕所。

最后，因为各地推荐的处理方法各异，建议每去一个地方都查一下当地对人类或宠物排泄物的处理办法。

茅厕：如果你带着孩子或跟团在同一个地点露营数夜，又不使用便携式厕所，那么最好自己挖一个茅厕。

选址原则和猫洞一样，即距离水源、露营地、山径至少60 米远，并确保到茅厕去的路径可反复使用。挖一个深 15~20 厘米且足够长的大坑来满足团队所有人的需求。如果可能，每次使用之后，都用有机质土壤和杂草覆盖。把厕纸深埋或打包带走。离开之前，在上面覆盖一些树枝，看起来比较自然，同时也能起到警示他人的作用。

一个好的猫洞选址要离水源、露营地、山径至少 60 米远。用铲子挖一个深约 15~20 厘米(6~8 英寸)的洞，要确保铲子干净。排泄物入洞之后，用泥土将其覆盖，并遮盖住整个区域。——本·劳恩（上图），无痕户外行为准则中心（下图）

自行带走：尽量让你的户外探险成为“零废弃”之旅，带走包括人类排泄物在内的所有垃圾废物。越来越多的土地管理者建议或要求游人自行带走人类排泄物，特别是在厕所或猫洞较难实现的环境，例如高海拔地区、深山河谷、荒漠或有永久冻土的极地地带。在悬崖峭壁、洞穴和平滑岩石这样的地方，也常有将废物自行带走的规定和建议。在所有这些特殊环境中，人类排泄物很可能会污染水源，或是因为缺少土壤或水分、极寒或极热等故而很难腐烂。所以在这些地方，最好是将人类排泄物自行带走。

能自行带走的物品种类繁多，从便携式厕所，到各种各样的商业包装或家庭自制包装，再到“排泄管”，不一而足。要常与当地土地管理者沟通，听从他们的推荐，使用最适宜的垃圾回收和处理办法。一般来说，乘船和骑动物旅行时，都可以使用可重复利用或可洗的便携式厕所，而远足客和背包客则可以用含有凝胶和生物酶的可降解双层塑料袋（可在网络上搜索“人类排泄物处理袋”）组成的轻量化设备。攀岩者和探洞者们一般选择使用坚硬的“便便导管”，而登山者们喜欢使用袋子或可重复使用的较大塑料容器。不带塑料袋的排泄物可以放在处理设施和冲水马桶中，使用袋子的话，则可以将其放在经过检验的废料桶中。如果处理过程中使用袋子，就必须根据生产厂家的使用说明使用化学物质和酶，以确保其有效性、合法性。每当要去探访一个地方，都要事先和当地的土地管理者沟通，找到适当的垃圾处理办法。

尿液：虽然一般来说尿液本身不会危害健康，高浓度的尿味却能够吸引动物，而且可能危害植物或水源。研究表明，如果对尿液进行大面积分散处理，其对环境的影响便微乎其微。然而，游人们常常会选择在同一个地方小便，例如躲在一块大石头或灌木丛后面，或是在离帐篷或步道休息区不远处找个地方。这样做的结果就是尿液高度集中。

有害的气味、高浓度的尿液和过量的营养会带来环境问题。例如，尿液中的盐分和氨化物会影响水量较少或水流较慢的水体中的水生生物,还会改变土壤化学成分和伤害植物叶片。高浓度尿液的有害气味对其他游人来说也十分恼人。野生动物们会被尿液中的盐分吸引，接近尿液的过程中，可能会把植物叶子弄掉，土壤弄乱。所以，尽量使用厕所，避免造成这些影响。还需注意的是，有些堆肥厕所无法处理大量尿液（请查看指导说明）。没有厕所可用时，小便的地方至少要距离水源、步道、露营地和休息区 30 米（40 步）以上。不要总是使用同一个地点，尽可能选择地表没有植物的地方，比如有机垃圾、沙地、碎石地，或者杂草区域。

女性卫生：如果所在之地没有厕所或隐蔽处，可以使用雨披在偏僻的地方处理个人卫生相关活动。时刻准备好应付经期到来，随身携带无香味的女性卫生用品，使用过后再把它们打包带走。和消毒湿巾一样，卫生棉条和卫生巾一般由人造纤维制成，或者是有无法降解的塑料包装。研究表明，如果把这些物品埋在地下，它们可以留存多年。所以，要把它们打包带走，妥善处理。一个简单的处理方法是将卫生用品用厕纸包裹起来后，再用铝箔包裹，然后用双层密封塑料袋密封。如果气味很大，可以放入一片压碎的阿司匹林或一袋茶包。大部分女性背包客会觉得体积最小的卫生棉条最容易打包带出。用月经杯也可以，不过在外出旅行前，最好先在家试一下。虽然很实用，但月经杯可能有点麻烦，需要每日清洗。如果可能，可以用市面上能买到的人类排泄物处理袋将经血回收带走，或者用猫洞的方法进行处理。在有熊出没的地方，这些物品必须和食物、垃圾以及其他有气味的东西一并安全处置——很难把这些物品完全焚烧干净，所以不推荐这样做。有关人与熊之间关系的研究和评估显示,并没有足够证据表明黑熊和棕熊会被经血吸引,不过北极熊似乎是个例外。最后，出于日常卫生需要，可以考虑使用手帕或小毛巾来代替湿纸巾（湿纸巾必须打包带出）。清洗可重复使用的布料时，一定要远离水源。

润肤露、喷雾、粉剂：人们在皮肤上会涂抹很多东西，包括防晒霜、除臭剂和止汗剂、润肤露、驱虫剂、香皂、爽足粉、香水、化妆品和润唇膏。

要提前做好预防措施，避免洒落，游泳前也要把这些东西清洗干净。这些产品都被归为有气味的物品，要存放在动物接触不到的地方，无论是在使用时还是将其留在营地时。在有熊出没的地方，现在还没有基于研究得出的有味物品使用指导，下列预防措施可作为参考：

- 仅携带真正需要的物品。
- 使用无味产品，不过要知道，即便如此，熊还是可能受到吸引。
- 仅在必要时使用，而且最好是在一天中的早上而不是晚些的时候。
- 在晚上入睡前用肥皂和清水洗漱，并穿着“干净”的衣物就寝。

特殊环境：在特殊环境休闲时，一定要向当地土地管理人员寻求专业指导。

雪地、极地和高山环境：在雪地和冻土环境里，由于天气寒冷，一般无法使用猫洞。很多高山环境里土壤贫瘠，低温也会令废弃物难以分解。在这些情况下，使用排泄管、便袋或者打包带走是最好的处理方式。当温度低至可以将废物冷冻时，打包带走就变得非常容易。如果是在气候较温和的地区冬季露营，则可以找到一块裸露地表，通常是在树下，用铲子就能穿透雪地和硬土。

水道：土地管理者可能会要求使用便携式便器，这也确实是许多水道地带的标准做法。将便器放置在可反复使用、新步道又不会经过的地点。在土地有限的地方，比如深河峡谷，尿入水流量大的河中，将尿液稀释，通常也是可以接受的处理方式。请查看当地管理规定。

沙漠地区：请将沙漠中的废弃物带走，因为在干燥气候下废弃物难以分解。或者，按照标准操作方法挖出猫洞，避免干涸的河床，而是尽量找到阳光直射最强烈的地方，太阳的热力可以穿透沙土，使病菌脱水而死。

海岸地带：如果乘船游玩，在条件允许的情况下，请使用便携式便器或便袋将人类排泄物带走。在距离海岸至少 60 米（80 步）远的地方挖猫洞也是一种可以接受的处理方式。

废水

无论是清洗餐具、洗澡、洗头发，还是洗衣服，甚至做饭、刷牙时，都会产生废水，都需将废水做妥善处理。废水会污染水源和吸引野生动物。在发达地区，可以依土地管理部门的规定行事。例如，露营地的盥洗室水槽一般只用来洗手、刷牙和刮胡子。即便有些地方的多功能水槽或水龙头下面连了集水箱，在盥洗室水槽里清洗餐具仍不是推荐做法，而且可能会遭到阻止。千万不要把没有过滤的污水（烹煮用水或洗碗水）、食用油、咖啡渣等直接倒在水槽里或土地上。冲水马桶是倒洗碗水的好地方。使用过这些公共设施后，请把它们清洗干净，并确保清理水箱或滤网中的食物残留，将其拣出放入垃圾桶。熟悉当地规定：一般来说，处理废水的地点要距离露营区和步道 30 米

(100 英尺，40 步）以上，但有些地方要求的距离更远（60 米，200 英尺），也就是要求填埋人类固体排泄物的地点与水源和露营地之间的距离。

清洗餐具：事实上，餐具的清洗从晚餐结束前就开始了。要鼓励每个人把自己的所有食物吃完，直到最后一粒米。如果有人实在吃不完，或者煮饭锅里还剩最后一点食物，团体中总有那么一个家伙会成为大家的“人体垃圾桶”，被连哄带骗地吃完所有东西。要把锅中盘中剩余的所有食物刮干净带走。大部分餐具用一点儿水、几滴肥皂水、一块百洁布就能清洗干净（海绵不能把所有熟食清洁干净，这些食物中也含有细菌）。请使用无香、无磷、可生物降解的肥皂。要知道，即便是肥皂也含有能够污染水源的化学成分。大部分肥皂都需要六个月至几年时间才能分解。所以，尽量少用肥皂，并且使用时一定要远离自然水源。清洗餐具时，先用厕纸或纸巾清除掉上面的油脂，然后再用热水和蘸有少量肥皂水的百洁布清洗。

如果想给餐具消毒，可以把餐具放在沸水中煮 30 秒。你可以把餐具放进为下一餐准备的沸水中，也可以把餐具浸没在用化学制剂处理过的冷水中（每加仑 [约 4.4 升]）水中加入 1.5 茶匙无味漂白剂）至少 1 分钟（注意：当水温高于 46.1 摄氏度，即 115 华氏度时，漂白剂将失去功效），这两个方法可轮流使用。用清水将餐具冲洗干净，晾干。

可以用玻璃纤维屏或滤网过滤出烹饪水和洗碗水中的食

物残留，然后打包带走。此举可以防止动物从中接触包括“微型垃圾”在内的食物垃圾，具体原因可参照第 79 页“尊重野生动物”一章中的相关内容。

尽可能地在水槽、非堆肥（冲水）厕所或污水坑附近过滤处理烹饪水、洗碗水和化学消毒水。一定不要在蹲坑或堆肥厕所（户外厕所）附近来处理洗碗水，因为食物的气味会吸引动物，而动物会破坏户外厕所，过多的水分也会减缓或阻碍垃圾分解。

在户外，四盆式洗碗法是一个清洗餐具的好方法，操作也很简单。漂流、骑马和汽车自驾野营，甚至是野餐时，都可以用这个方法清洗餐具。倒掉清洗用水之前，一定要滤出其中的所有食物残渣。——本·劳恩

在没有洗涤设施的区域，可以把过滤后的液体带到远离水源和露营地至少 30 米（40 步）的地方，以保护水质和避免吸引野生动物。有一个推荐的处理办法，就是先用滤网将这些液体过滤，再分撒在广阔的地方，就像“广播”一样。此外，还可以将滤后烹饪水或洗碗水直接倒在土里，最好再盖上一厚层有机垃圾来掩盖气味。

为了避免杀死土壤中的微生物，在倾倒沸水前要先使其

在处理洗碗水之前，先用滤网或厨用过滤器把其中的食物颗粒过滤出去。所有食物颗粒都必须放进垃圾桶，并打包带走。—— **无痕户外行为准则中心**

冷却。

个人卫生：事实证明，在户外时，频繁用肥皂洗手是减少疾病的最有效方法。洗手时要在距离水源至少30米(40步)远的地方，且只用无味、无磷、可生物降解的肥皂，在同一个地方清水冲洗。特别是在你准备餐食、用餐或使用厕所后，一定记得要洗手。有时可以用消毒洗手液来代替，但当手特别脏时，消毒洗手液就不那么管用了。修面、洗头、洗澡的废水，要倒在离露营地和水源至少30米远的地方。在缺乏淡水的地区，到小溪或水坑中游泳前，要再三考虑。沐浴露、防晒霜、防蚊剂和润体油都会对这些珍贵的水源造成污染。游泳前，先要在远离水源至少30米的地方，用清水冲洗掉这些化学产品。

在没有水槽的地方刷牙时，尽量只用一丁点儿牙膏。漱口水可以直接吞下，或者走到远离露营地至少30米的地方，把漱口水吐出，然后用大量的水冲洗，直到看不出痕迹，还可以用“广播”法把漱口水喷洒在一片宽阔的地方。

鱼类和猎物的内脏

当处理鱼类或狩猎得来的动物残骸时，请遵守当地土地管理部门的官方指南。最佳选择是将这些东西带走再做处理。请用双层袋子包装鱼的内脏，以阻止气味和内容泄露；将其储存在动物接触不到的地方。不要沿着海岸遗留鱼类残骸，这样做会让野生动物养成被食物吸引的习惯，从而变得富有攻击性，前来讨要食物。如果无法将内脏带走，则可以将其掩埋在距离步道、露营地、水源至少 60 米（80 步）远的地方。把鱼类内脏扔进水里会传播鱼类疾病，营火很难把内脏完全焚烧成灰烬。一般来说，只要距离营地、步道和水源足够远，大型野生动物的尸体可以留在土地表面，以供其他动物食用。

保持环境原有风貌

Leave What You Find

外出旅行时，可以观看、拍摄并尽量去了解你所看到的岩石、植物、野生动物和自然或人文艺术，不过请你将环境保持原状，这样一来，就可以协助保持此地的独特风貌，将其作为礼物留给后来者欣赏。

回想一下，最近一次户外旅行中，有什么让你感到此行的“独特”之处？是你在步道沿途看到的乌龟或蜥蜴，是富有特色的花海，还是一块令人着迷的化石、箭头或考古废墟？很多人都是通过照顾作为宠物的两栖动物或爬行动物开始对大自然和野生动物产生感情。然而，大量研究证明，我们把野生动物带回家、采摘路边野花、收集手工制品或是其他自然界中物件当作旅行的纪念品的做法，有可能会对环境造成破坏。“保持环境原有风貌”并不容易，但请思考以下问题：如果每个人都把自然界中自己喜欢的东西带回家怎么办？如果没有看到这些好东西，你还会觉得这次旅行这么“特别”吗？

可以观察，可以拍照，但请勿带走

我们外出旅行时，经常会买纪念品收藏作为旅行纪念。户外旅行者们也是一样，喜欢把一些有趣的自然物和体现当地文化的物件带回家收藏。但是，如果人人如此，这一做法便不具可持续性，还可能会造成较大危害。所以，请克制自己的收藏欲望，并将这一理念传播给他人。

这样的岩石雕刻是理应受到尊重和爱护的文化珍宝。不要触摸和修改这些古老的雕刻作品。用拍照、素描或绘画来记住这些地方是最好不过的了。——本·劳恩

想想那句格言："除了照片什么都不带走，除了脚印什么都不留下。"用一张照片或一幅素描来展示和分享你在旅行中的"收获"，如此一来，你在旅途结束之后还能辨认出当时的情景，同时也会收获更为深刻的体会。把回忆带回家，其他都留下。这样，后来者们也能感受到和你一样的美好体验。把相机存储卡装满，而不是背包！

其实可以从很多方面说明为什么不要把旅途中的特色物件带回家去。想想成百上千万的游客走过同一片土地的累积效应。如果我们每一个人都摘几朵花、挖一颗仙人掌、带一块化石或一只宠物回家，累积起来的效应将是毁灭性的。所以，让我们把相机装满吧。让照片、画作和回忆成为你的旅行纪念品。人们去风景秀美的地方，是为了享受原始的自然风光。把当地植物、手工艺品和其他有趣的东西原样留下，让后来者也能像你一样去探索、发现和欣赏。带小朋友去领略神奇自然的同时，还要帮助他们理解植物、动物和自然环境之间是相互关联、相互依存的关系。

告诉小朋友，摘花会阻碍种子的发育，这样明年可能就不能发芽开花了。例如，大雾山国家公园（Great Smoky Mountains National Park）的一项研究发现，在公园步道沿途的粉色仙履兰数量远远少于远离步道的地方。教育青少年，告诉他们人类是大自然的守护者，每个人都有责任保护这些重要资源，具体做法就是不要去破坏或改变自然环境，让后来者也

随着越来越多的人来到户外，保留地方自然、文化和历史原貌是非常重要的。装满你的相机存储卡，而不是背包。——本·劳恩

能发现、体验和欣赏到同样的美景。

尊重野生动物，那就给它自由：我们来说说箱龟这种一直很受欢迎的宠物。你知道吗？箱龟在野外环境中能活一百多年，被人类豢养后却只能存活一到两年。近几十年来，箱龟的总数量已大幅减少。这很大程度上是因为人类大肆捕捉箱龟当作宠物饲养或贩卖。蟾蜍、青蛙、蛇和蜥蜴等许多其他爬行动物和两栖动物也有同样的遭遇。这些野生动物被人类捕获，当作宠物豢养，寿命也大大缩短。有些动物的生活习性和饮食需求非常特殊，而饲养它们的小孩子中，具备足够相关知识的人却寥

寥无几。要把自己当作守护者，而不是拥有者，确保你的行为不会降低其他物种的生存能力。

许多国家已经做出规定，在没有特别许可证的情况下，捕获包括两栖动物和爬行动物在内的野生动物是违法行为。对于想要饲养此类宠物的青少年来说，合乎行为准则的方式是只从负责任的零售商处购买人工繁殖的动物。野生动物学家还强调，只能放生在本地捕来当作宠物的健康野生动物，并且只能在捕获地放生。人工繁殖的动物缺乏寻找食物和躲避天敌的经验，还有可能携带会感染当地野生动物的危险疾病。把不想要的宠物放生到自然环境中看起来很合理，但此举可能会将有害病菌和寄生虫带到大自然中，进而破坏当地生态，被抛弃的宠物也会在难以适应的环境中慢慢死去。在美国一些地区，放生非本土动物已经对当地的动植物群落产生了严重影响。为了避免这种情况，请将不想要的宠物卖给或赠送给你当初购买它们的地方，学校、自然中心或动物园也可以——千万不要把它们放生到野外。

留下个人印记： 尊重自然，让它保持原貌——这是无痕山林的本质所在。一个好的露营地是被发现的，而不是创造出来的。如果你改变了一个地方，或者移动、修整了一些原木、岩石或其他自然特征，那么你就给一片自然生境带来了变化，为后来者们创造了不自然的风景。接纳大自然原本的样子，让你的团队不要随地乱扔垃圾、改变自然景色、毁坏树木、创造新的露营地，或是在岩石或公园建筑物上乱刻乱画。如果有时间，可以做一些社区服务，比如捡拾垃圾、拆除或分散开偏僻地区的人造露营桌、精心制作的椅子和岩石“艺术品”。如果有任何疑问，可以与当地的土地管理者联系，寻求指导。

收获：如果你打算去钓鱼、狩猎、采集大量浆果或其他自然物，请事先与当地土地管理者联系，了解相关规定、许可证要求和方法指导。问清楚相关限制规定、处理动物残骸的恰当方法、安全措施，以及不许采集的物种都有哪些。

碓石界标：被称为碓石界标的石头堆是用来在林线以上的山间、树木稀少的开阔地或没有路的地方标记步道和指引徒步者的。切勿在未经许可的情况下创造新路径或界标、拆除正式路线上已有的界标，或者在界标上增添石头。

在高山或亚高山地带，请不要偏离正式路线，这样可以保护当地的脆弱植物。这些植物的生长期很短，如果遭到践踏，需要几十年的时间才能恢复。一旦你在那里创造出新的路线或界标，就会让更多植物遭到践踏，而且会误导旅行者，让他们偏离正式路线，进入环境更为脆弱或危险的区域，特别是在路径被积雪覆盖的冬季。最后，挪动岩石来创造界标或在已有界标上添加石块，会导致高山土壤更容易被冲蚀，而在这样的环境中，需要数千年才能创造出新的土壤。

保护历史

在公有土地上旅行时，很可能会遇到历史遗址、考古遗址，或化石遗址。这些地方向我们讲述了人类的历史，所以意义非凡。所谓历史资源，指的是至少有 50 年以上历史的建筑物、设备器材，和来自老矿区、伐木业或宅地的手工艺品。具有考古意义和历史悠久的建筑物和古代手工制品都是人类悠久历史的证明。一旦损坏或失窃，这些无可替代的资源将永远消失。在这里提请注意，在考古资源保护和国家历史保护法令的规定中，破坏考古遗迹或历史遗迹，或移走包括陶瓷碎片、箭头、采矿工具和古董瓶在内的任何古代手工制品，都是违法的。考古遗迹是我们了解史前人类知识的唯一来源，最有价值的就是那些废弃以来得以完整保存的地方。同样的，移走化石或石化木也会导致科研信息的遗失，或减少其他游人的旅行体验。

可看不可碰！这些脆弱的遗产资源通常并不明显可见，所以到了这些地方要格外小心。可以观察、欣赏这些遗产资源或给它们拍照，但不要损坏、触碰或将其带走。想想要是成千上万人都“只拿一个”带走，累积起来会有多大的永久效应。请保留这些珍贵遗产的原貌。请心怀敬意，因为在原住民心中，许多遗迹都是神圣的存在。即便是捡起一个手工制品，或是把它挪到原有环境之外，都会降低其考古价值；避免此类举动，也可以让后来者享受到和你同样的探索之感。小心行动，不要

在户外能发现像驼鹿鹿角这样的自然物是一件非常令人兴奋的事。不过要努力克制把它带走的冲动，因为此类物件是这个环境的一部分，理应留在原地。——本·劳恩

偏离步道、攀爬废墟，也不要在遗址附近露营，这样可以避免改变原有的环境。看到岩石艺术时，可以欣赏或拍照留念，但不要伸手触摸或在上面乱写乱画——这些故意毁坏文物的行为，会对象形文字和岩石壁画造成永久性的破坏。

如果你看到有人盗窃古器物或者在遗址处挖掘，请观察并记录（注意保持距离）这些人的外貌特征、地理位置、具体行动和车牌号，尽快打电话举报其罪行。许多遗址地处偏远，给监控和管理造成了一定困难。你可以通过举报犯罪和可疑行为来保护遗址。

避免传播非本土动植物

非本土或外来动植物指的是并非原生于某地的物种。也就是说，这些物种通常是由人类运输或引进到一个新的环境。非本土的“侵略性”物种是指那些在广大区域胜出并取代本地物种的外来物种。它们会对当地生态环境和生物多样性造成严重危害，极具侵略性的物种还会造成重大的经济影响。例如，生态学研究发现，从外部引入的蚯蚓，包括钓鱼者用作“诱饵”的蚯蚓，已经改变了整片森林的土壤和营养条件，导致森林有机枯落物和地被植物减少，冲蚀速率增加，以及本地昆虫数量和多样性减少。

检查并清理鞋子、衣服和装备，尽量避免把侵略性的非本土植物种子带入保护区。
——杰弗里·马里恩

仅在美国，外来入侵物种造成的损失和控制入侵物种的花费，估计每年就超过 1380 亿美元。

你可以参照以下建议，尽力避免在自己的居住地和外出远足地点传播非本土物种：

- 多了解一些你所在区域的非本土物种信息：它们长什么样子，怎样进行预防和控制。网络上有很多资源。去查查吧！
- 在你家院子里寻找并控制那些非本土植物，包括一些“侵略性的观赏植物”，它们常常会从私家院子蔓延到附近的树林和田野。

- 联系当地公园和森林管理处，志愿协助清除非本土物种。
- 切勿放生不想要的宠物和多余的活鱼饵。
- 去另一个保护区旅行前，请仔细检查和清理你的船艇、拖车、普通车辆、户外装备、衣服、鞋、宠物或牲畜，移除粘在上面的植物、昆虫、卵囊、毛刺、种子和泥巴。
- 去保护区旅行之前，请给你的马喂食不含草籽的饲料，并提前三天进行打包。
- 不要运输木柴——其中可能带有侵略性昆虫或者可致死当地树木的疾病。

野外用火影响最小化
Minimize Campfire Impacts

考虑到营火相关的环境影响，越来越多的土地管理者开始禁止营火。然而，绝大多数此类影响是完全可以避免的。为此，你可以选择采用安全、对环境影响较少的方式生火，或者干脆不用营火。

公共土地管理者们通常会列出一长串营火对环境资源造成的影响，其中包括：

- 收集木柴时，大量游览区域以外的植被遭到践踏；
- 靠近露营地的大片区域已无树木；
- 树木和灌木被斧头和锯子破坏、弄倒，其中还有些树还活着，有些是虽然已经死去但对野生动物十分重要的枯木障碍；
- 大片垃圾场似的燃火点上覆盖着木炭、灰烬，还有烧焦的食物或食用油，这些都容易吸引野生动物，进而将露营者置于险境。

例如，对大雾山国家公园偏远露营地的一项调查就发现了2377 棵受损树木和 3366 个砍伐留下的树桩。这些本可避免的影响使得将近一半地处偏远地区的国家公园管理处禁止营火，其中多数也同时禁止砍伐尚未倒下的枯树。如果旅行者们能在使用营火时采用这一原则下推荐的方法来减少对环境的影响，那些营火禁令也许有一天会取消。

火具有毁灭性的影响，常常会给当地地貌带来持久性伤害。如果可能，请尽量使用现有火圈，并且保证你的营火安全可控。——无痕户外行为准则中心

决定生火

考虑到营火会很可能对资源环境产生持久影响，你首先要问问自己是否真的需要生营火。高效轻便的野营炉灶越来越为大家所接受，已经渐渐取代了传统营火。便携式炉灶使用起来更简单、快捷，清洁起来也更方便，几乎可以在任何天气状况下操作，并且能够避免营火可能对资源造成的所有影响。现在，大多数露营者都用便携式炉灶烹煮食物，而生起营火则常常是为了用来作为聚会中心，或者是作取暖、烘干衣物之用。其实可以用点蜡烛或灯笼来点亮夜间聚会，这样就不用整晚都在烟雾缭绕中度过，也无需担心衣物、帐篷被火星烧出洞来。

然而，对于一些旅行者来说，营火还是完美露营体验中不可或缺的一项传统元素。在这种情况下，则应明白，选择生起营火，就意味着需要承担额外责任，并掌握减少环境影响的技能。记得要与当地土地管理者联系，确认那里是否允许生营火，可以生在哪个地点，并获取相关指导意见。

做出决定时，请考虑以下事项，如果周围环境不合适，请不要生火：

- 在这个时间和地点生火合法吗？安全吗？（注意：在火灾危险较高时期，营火是很不安全的。在一年中的这一时段，甚至有可能会禁止用火，同样也不建议在干燥或大风条件下生火。）

对很多人来说，营火是露营体验中必不可少的部分。但是要选在相关部门允许的时间和地点，在条件安全的情况下进行操作，并且需要具备足够的营火管理技能。——本·劳恩

- 是否有现成的营火点？如果没有，你是否知道如何建起营火并在使用过后清除所有痕迹？尽量避免建造新的营火点，也不要清除已有营火点。
- 那里是否有充足的木柴，或者你可以买到当地木柴吗？高海拔、极地和荒漠地带没有足够的木柴供给营火。
- 你有能力管理营火、保证安全吗？在离开营地前，你知道如何把营火彻底熄灭吗？
- 你的团队成员能否掌握不留痕迹的生火技能？

营火的类型和位置

在已经合法存在的火炉、火圈或岩石火坑里生火是最简单也最为推荐的做法。考虑到营火常常会火星四溅，容易毁坏帐篷，甚至离得太近时能让帐篷着火。若非情况紧急，不要移动现有生火点或建造一个新的生火点，除非结束时你能清除所有痕迹。有多种不同类型的营火可供选择，相应地，也有不同方法来降低环境影响。

现有生火点：生火的最好地点就是在现有火圈之内；如果已有多个生火点，就选择距离帐篷区较远的那个。一定不要使用靠近外露岩石、考古或历史遗迹、树木和裸露树根的生火点。不要扩大火圈或在其中增加岩石。

火盆 / 便携式气罐：金属火盆边沿足够高，能够保护植被和土壤，是一个很好的对环境影响较低的生火方式。市面出售的火盆、野餐烧烤架、金属油锅、垃圾桶盖子等设施都能作为火盆使用。请把火盆放在大岩石上或者距离矿质土壤约10~13 厘米的地方，这样高温就不会把下面的植被烧焦。使用各种便携式丙烷气罐是另一种降低营火对环境冲击的方式。选择植被和有机物较少、承受力较强的地点生火，你们一行人使用营火时，请尽量避免践踏植被。

海滩 / 碎石营火：有些地方允许在没有植被的沙滩或碎石海滩上生营火。这时，选址最好在高潮汐线或季节性高水位线以下。结束后，要将营火完全熄灭，然后把所有灰烬和木炭分散撒开，消除所有痕迹。

堆火：搭建此类营火需要花费更多力气，从连根拔起的树木根部找到大量矿质土壤，或是从没有植被的地方取沙子或碎石。把一个大麻布袋由里向外翻，塞满这些填充物，在耐受力较强的地方铺上防潮地垫或灭火毯，再把袋子放在上面，里面最好没有植物和有机物。利用充足材料建造一个直径约 60 厘米，比地面高约 20 厘米（用树枝搭建的小型堆火只需比地面高约 10 厘米）的平顶堆火。事毕之后，要把堆火彻底熄灭，分散灰烬和木炭，土壤还回原处，把生火点恢复到完全自然状态。

坑火：当以上生火方式都无法实现时，可以挖一个浅坑来生火。避免可能引火的植被、落叶、有机质土壤或植物根系，如果所选地点有上述物质，则要特别小心。

挖一个坑，把刨出的土壤堆在一边。如果其中有植物，请确保将其根块完整取出，并一直使其根块保有充足的水分。事毕之后，彻底熄灭营火，将所有灰烬和木炭分散撒开，填回挖出的土壤，再次给之前挖到的植物浇水，让此地完全回归自然状态，以免将来再次使用。

金属材质的火盆可以避免烧焦地面。在岩石上架起火盆，控制火苗大小不要超过火盆。使用炉灶烹饪通常会更加容易，因为不用考虑天气状况，用完后也不会弄脏环境。——本·劳恩（上图），无痕户外行为准则中心（下图）

采集木柴

营火带来的环境影响有很多都可以避免，其中许多与采集木柴相关。露营场地和偏远地区的营地通常看起来一片荒芜，因为露营活动密集，附近所有可用的枯木都被用光了，许多树木和灌木遭到砍伐，或是被斧头和锯条破坏。露营区域常常发生导致树木死亡的病虫害，这是因为旅行者带来了被感染的木材。以下这些简单的实践方法可以帮助你避免这些影响。

只采集小片枯木或倒落在地的木头：活着的树木无法燃烧，而无论活树还是枯木，上面的枯枝都为本地昆虫和动物提供了重要的栖息场所和食物，所以请不要损坏它们。无论是依然挺立的树木还是已经倒下的树木，砍伐或折掉树上的枝杈，都会留下人类痕迹，这种审美上令人不悦的做法破坏了该处自然景观。收集木柴的最佳做法是，只在木柴充足的地方，采集那些你可以轻易用手折断的枯木或倒掉的木头。按照经验法则，只收集直径比你手腕细，并且已经彻底干燥，可以用手或脚轻易折断的木柴。直径更粗些的木柴是林中昆虫的重要栖息地，鸟类和野生动物食物的重要来源，也是在树洞筑巢的鸟类和小型哺乳动物的家园。如果找不到足够的木柴，那么可以在本地购买。请用适宜的替代性营火燃料，或者放弃生火的念头。

把伐木工具留在家中：那些被斧头和锯条砍倒、锯断或损坏的树木和灌木，也许是营火造成的生态和美学影响中最为严重的一项。许多严重的营地伤害事故也与伐木工具有关。如果露营时不使用这些伐木工具，就能完全避免此类影响和伤害。多数公共土地管理部门都提出了这一建议。只有在做维护步道等保护工作时，才用到这些工具。在露营地，这些工具难免会被用来砍伐或伤害树木、树苗、灌木，继而导致树木腐烂，染上使其虚弱甚至致其死亡的病虫害。

使用这些工具，便能焚烧直径较粗的木柴，生起大而无当、有碍观瞻的营火，产生大量灰烬、木炭和部分燃烧的木头。这些东西很快就能把火圈填满。不带伐木工具，就能保护那些对野生动物非常重要的活木和枯枝免遭砍伐破坏，也能减轻你的背包重量，提升团队的安全指数。

不要运输柴火：请在你要生火的地方采集或购买木柴，长距离运输供营火或柴火炉 / 壁炉所用的柴火，会增加外来木柴中带来病虫害的风险。当前许多公共土地管理部门已经禁止露营者运输木柴。相关部门指出，许多致死树木的非本地昆虫和病害最初都是在露营地发现的。地方不同，具体的病虫害种类也有不同，其中有些危害重大，已经蔓延方圆几千英亩，导致成百上千万株树木死亡。可以通过在露营地当地购买木柴或携带替代性燃料来阻止这些外来昆虫大规模入侵。即便是看起来很干净的木柴，在宽松的树皮缝隙里，也可能藏有微型昆虫或虫卵，或者只在显微镜下可见的真菌孢子，这会导致新一轮害虫横行，其后果可能是致命的。

考虑替代性燃料：除了木炭之外，还有用再回收的木屑压制而成的营火专用木材和其他木材产品，种类越来越多，都可供营火之用。使用这些产品，可以避免因运输而生的病虫害，对于露营者来说也好处多多。替代性燃料只产生少量烟雾，不会溅出可能损坏衣物或帐篷甚至引发野火的火星，其燃烧更为彻底，产生的灰尘颗粒很少，烟尘中的一氧化碳含量也大大降低，且不含石油化学物质或有害气体。它们的密度是木材的两倍，所以燃烧时间更为长久。

照管营火

无论你用什么类型的营火，这里都有一些简单的方法可以帮助你安全用火，降低环境影响。

只烧木柴：不要焚烧任何垃圾、食用油和剩饭剩菜，否则会留下有碍观瞻的火圈，还会产生有害气体，燃烧的味道也会吸引臭鼬和熊等野生动物。研究发现，在营火灰烬中存有一系列非天然化学物质和残留物，其中包含污染环境的重金属和有毒物质。

野生动物学家在研究报告中指出，熊通常最先被火圈吸引，之后总能在那里发现一些有趣的气味、可以吃的食物或垃圾。如果你只烧木柴，就可以避免这些影响。

限制规模，保障安全：只收集有限的木柴，生一个小小的营火，并且只燃烧一小段时间，这样可以保持该地的木柴供给。例如，一个直径接近 60 厘米、火焰高度低于 30 厘米的小营火，只需直径小于或等于 3.8 厘米、砍成每节 1 英尺（约 30.5 厘米）长的树枝。更大规模的营火会浪费稀缺木柴，也更容易损坏附近的树木和杀死树根，产生令人讨厌的烟雾和四处飞溅的火星，在有风的天气里并不安全，燃烧还会产生大量灰烬和木炭。营火必须选择在远离地面易燃杂物的地方。易燃杂物包括树叶松针、干枯植被、悬空树枝、帐篷或其他装置。如果附近有易燃杂物，请把它们从营火点移开。千万不要让营火处于无人照管的状态，哪怕只有短短几分钟——许多森林火灾都是由无人照管的营火引起的。必要的话，请携带一个打火石帮你点燃营火——千万不要使用瓦斯。

把所有木柴燃成灰烬，用水扑灭营火：直径小的木柴很容易完全燃烧成为灰烬，可以大量减少火圈内木炭的数量。

营火将要结束时，可以不再添加新的燃料而只是悉心翻转剩余木柴，便可使其充分燃烧，从而减少剩余木炭数量。在时间充裕且环境安全（例如：有人照看、风小、附近没有易燃物）的情况下，请等所有木柴和木炭都燃烧成白色灰烬后再将营火熄灭。熄灭营火时，用大量的水浸透营火点的所有区域，然后翻动还在燃烧的剩余物，再次浇水、翻动。用手摸一摸所有剩余物，确保它们都已冷却、熄灭。确保木炭、树根、枯叶都已

营火堆不是垃圾桶，焚烧垃圾和食物是完全不可取的。燃烧它们会吸引危险的野生动物来露营地，产生有毒气体，其中塑料和纸张中的染料燃烧后还会遗留有害的化学物质。——杰弗里·马里恩

完全熄灭，千万不要掩埋木炭——它们可以闷烧好几天，甚至在周围无人的情况下，迸发出新的火苗。

将营火点整理停当：在已建好的合法营火点，离开之前请移除或带走所有的垃圾，为后来的旅行者留下一个干净的火圈。在成熟的户外地区，要把熄灭的灰烬装进垃圾袋带回家处理，或者扔到垃圾箱里。在偏僻地区，则应把完全熄灭的灰烬和木炭分散撒到远离露营地的区域。如果时间允许，可以考虑移走不合规定的营火点或者多余营火点的所有痕迹，只留下一个远离树木和根系，并且不会影响到帐篷区的营火点。如果你对此

难做判断，可与当地土地管理者联系并获取指导。如果现有的岩石营火点规模过大，可以把它重建成直径约 90 厘米的小火圈，并把多余的石头分撒在广泛区域，以鼓励后来的旅行者使用小规模营火。请把剩余木柴整齐地堆在一起——如果分散开来，你和后来的露营者再次收集时就会在营地之外走更多的路。如果是分散露营或是在一片“人迹罕至”的地方露营，则需要清除掉营火留下的所有痕迹。请将所有冷却的灰烬、木炭和木柴分散撒开，把挖出的土壤填回原先的位置，移除营火的所有痕迹，使该地回归自然状态。

尊重野生动物

Respect Wildlife

观察野生动物时，请保持一定距离。如果它们对你有所察觉，说明你已经离得太近了。绝对不要让野生动物接触人类食物——这对它们的健康有害，容易引发滋扰行为，而且容易令其受到人类食物吸引并产生依赖。

有机会和野生动物偶遇是一次高品质户外体验的重要部分。不幸的是，野生动物正面临着栖息地消失和遭到破坏、外来物种入侵、环境污染、过度开发、盗猎和疾病的威胁。保护区虽然不能解决全部问题，但仍不失为它们最后的庇护所。

研究表明，野生动物会对人类作出不同反应。有些动物迅速适应了来到自己领地的人类，保持着正常的行为模式，或者说已经“习以为常”。另一些动物则会为了逃离人类，不惜遗弃子女或者重要的栖息地。还有些动物则会被人类留下的食物和垃圾吸引，从而面临生命危险。

游客应当去捍卫野生动物的生存机会，而不是加重它们的生存危机。人类的户外活动区域广为分散，而且一年四季无休无止，所以对动物产生的影响也极为广泛。鱼类、鸟类、爬虫类、哺乳类动物的栖息地都深受人类户外活动的影响。人类可以通过改变户外行为与野生动物和平共存。

远距离观察

请尽量在安全距离下观察或拍摄野生动物，这样可以避免惊扰它们或迫使其逃离。千万不要追踪或接近野生动物。

避免发出大声或尖利的噪音，不要快速移动，也请避免直接的目光接触，因为这些都有可能被野生动物视为侵犯行为。为了观赏和拍照而去跟踪和干扰野生动物，会迫使它们无端消耗精力，离开最佳栖息地。如果每个游客都如此效仿，对野生动物的生存影响是巨大的。要尽可能地避免遮挡动物的行动路线。在没有熊的地方，请悄声行动——这样你可以看到更多野生动物。在有观测区、观景台和步道可供使用的地方，可以用双筒或单筒望远镜和长焦相机来观察或拍摄野生动物。如果野生动物有所觉察，请立刻离开，即便这意味着你必须放弃原定的路线绕道而行。比起野生动物，你可选择的行动路线总是更多。请予以野生动物应有的关照和尊重——你是客人，它们才

无论你是在垂钓、狩猎、徒步还是野餐，尊重野生动物都是非常重要的。遵守当地的狩猎和捕鱼相关法律和具体建议，可以减小对区域内野生动物的影响。——本·劳恩

是这片家园的主人。

不要把野生动物团团围住，对其进行骚扰、捉弄，也不要试图抓住或者抱起野生动物（大部分动物会咬你或踢你）。

已经产生适应行为的野生动物可能看上去很安全，不会构成威胁，但仍要与它们保持安全距离。记住，它们是捉摸不定

的野生动物。公园每年都会发生危险事故，因为这些被认为“安全”的动物会突然对人类发动攻击，导致游客受伤或死亡。有些母兽（如母熊）会因为保护幼崽而极具攻击性；还有些母兽则会因为幼崽身上或巢穴中有人类的气味而抛弃幼崽。如果发现受困的动物，请及时通知动物管理员。请保持尊重和克制，告知孩子不要接触、抓捕或投喂野生动物。在有大型动物出没的野外，一定要确保孩子时刻处在视线之中，因为孩子的体型大小正和这些捕食者的猎物相仿。

避开敏感时间和栖息地。野生动物在求偶、保卫配偶子女和领地、哺育和食物稀少时，以及严寒和其他恶劣天气时期，会对外来游客非常敏感。你对野生动物和某个特定物种了解得越多，对它们的需求和习性就会考虑得越多，尤其是在那些对它们的生存至关重要的时期（比如哺乳、生育、交配或冬眠）和地点。比如，在方圆几里之内唯一的水源地扎营，就有可能令动物无法取水。另外，也要考虑动物在某些季节里所面对的生存压力。鸣禽对人类活动和步道的位置十分敏感。冬季的探洞活动会打扰蝙蝠冬眠，减少其生存几率。在夏末，熊经常需要摄入大量令人类同样趋之若鹜的浆果。因此，为了我们自身和野生动物的安全，要特别注意，避免在敏感时期搅扰这些大自然的主人。

切勿投喂野生动物

动物是精明的机会主义者。如果游客给了它们从天而降的食物，它们一定会受到诱惑。就连被人类丢弃或无人看管的食物和垃圾也会吸引野生动物，这时它们就会克服对人类的天生警觉。频繁从游客处得到食物，会令动物产生摄食依赖，作出具有攻击性的乞食举动，从而威胁人类的人身和财产安全。许多导致游客严重受伤或丧命的事故，都是由野熊受到人类食物吸引而引发的。造访熊出没地带时，要做好额外的预防措施（参见 87 页）。那些养成了习得性依赖的动物（如田鼠和花栗鼠）常常会咬伤人类，而这些咬伤和近距离接触都有可能会让人感染狂犬病或汉坦病毒等致命疾病。

正如谚语“被喂养的熊，和死了没什么差别”所说的，与人类发生冲突时，动物总是处于弱势。为了轻易得到食物，野生动物会进入营地、道口、公路等危险境地。在这些地方，它们可能会被狗追赶、遭到车辆冲撞或被狩猎者发现。投喂野生动物，还会引发动物大量聚集，增加疾病在种群内爆发和传播的危险。动物如果依赖不稳定的人类食物来源，就会营养失衡，其后代也会面临相似命运，因为父母没有教过它们如何在自然环境中捕猎。

在户外徒步、野餐或露营时，我们要对自己的行为负起

请用双筒望远镜或长焦镜头远距离观察野生动物。如果动物停止了它的正常活动或离开，就说明你离它太近了。此外，将食物和垃圾安全放置在远离动物的地方也非常重要，可以避免动物形成危险的食物依赖习性，从而作出乞讨行为。人类食物对野生动物而言是不健康的。**——杰弗里·马里恩**

责任，不要让动物获得任何人类食物或垃圾，让它们保持野生动物的野性。不负责任的行为包括有意喂食，食物无意掉落或遗漏，将食物和垃圾打包丢弃、随意放置在餐桌上、储存在营地等做法。请注意，大多数公园或野生动物保护区是绝对禁止有意或无意投喂野生动物的。人类食物对野生动物的健康有害——薯条并不在鹿、鸟和花栗鼠的“营养食物清单”之列。研究表明，当野生动物以自然食物为食时，它们将会活得更长久，也更健康。需要特别说明的是，即便只是少量的人类食物，比如燕麦棒碎屑或者遗漏的面条（通常被称为“微量垃圾”），也会养成动物对食物的依赖习性。偷食了人类食物的老鼠在晚上会待守在人类的营地或小木屋，能够将致命的汉坦病毒传染给人类。食物的气味对动物来说也诱惑力十足，比如装有食物包装纸或空苏打罐的未经密封的垃圾袋。

安全放置食品、垃圾和有味物品。野生动物不仅会受到人类食物、宠物食品和饲料的诱惑，也会为垃圾或其他具有气味的物品所吸引，比如饮料瓶、脏盘子、杀虫剂、药物、急救包、润唇膏、浴液、香皂、牙膏、除臭剂和其他日化用品。任何带有特殊气味的东西都会对动物产生吸引，无论其是否可以食用。同时需要说明的是，野生动物嗅觉比人类灵敏得多——熊的嗅觉强过人类大约两千倍。在不同地方，需要特别注意的动物和安全放置食物、垃圾和有味的物品的方法会有很大差别。因此请咨询当地的土地管理部门，做好安全放置食物的相应准备。

无人看管的食物如果被野生动物误食，可能会致其患病甚至死亡。在大峡谷国家公园，公园管理人员不得不杀死 22 头因为习得食物依赖而变得凶猛危险的鹿。尸检结果表明，这些鹿之所以体重偏轻、营养不良，是因为有多达 5 磅的食物塑料和箔纸包装堵塞了肠胃。这些食物包装都是来自露营地和野餐区里无人看管的餐桌和食品袋。尽管我们一提到野生动物的危险，总是最先想到野熊，因为它们闯到帐篷、保温箱、汽车里翻找食物，搞得一团糟，但其实户外游客平时更常遇到的烦恼却是应付啮齿动物、浣熊或者臭鼬。这些小型动物只会在没有妥善储存的东西里寻找唾手可得的食物。一旦它们养成食物依赖的习性，就会对游客的人身安全和装备安全构成严重威胁。

以下是一些储存食物、垃圾和有味物品的“最佳实用经验”：

- 保持步道和营地清洁，清除所有垃圾，包括最小的食物或垃圾碎屑
- 条件允许的情况下，尽量使用带有防野生动物功能的垃圾容器和食物存储箱
- 采纳“妥善处置废弃物”原则（33 页）中提到的所有预防措施。比如，避免产生或妥善打包存放所有残羹剩饭和厨余垃圾，特别是培根析出的油脂和食用油
- 绝对不要给其他游客留存食物——野生动物必会发现并吃掉这些无人看管的食物和饮料

- 无论白天还是夜晚，都要注意将食物、垃圾和有味物品放置在远离野生动物的安全地点。在没有熊出没的地方，这些物品可以安放在车里或是带有捆绑带的坚固塑料容器内。通常情况下，无人看管的容器需要捆绑固定起来，确保安全。带有螺旋盖的 5 加仑（约 22.75 升）油桶可以作为储存垃圾或食物的安全容器。

在有熊出没的区域，露营时要将食物、垃圾和有味物品悬挂在距离地面 12 英尺（约 3.6 米）、距离树干或较粗枝干 6 英尺（约 1.8 米）、距离上方较细支干 6 英尺（约 1.8 米）的位置。或者是将物品放在特别设计的防熊容器或带锁容器中。永远不要低估熊的机智和耐心！它们会击碎后车窗玻璃或撬开后备箱，所以汽车保护不了你的食物。

到达露营地后，应尽快将食物、垃圾和所有有味物品储存在悬挂好的防熊挂包内，而不是等到晚上再收拾。只有在需要时才取出物品，并且用完后要及时放回。防熊背筒可以在运动器材供应商或土地管理机构租借或购买。合理使用这些工具，就能让你睡个好觉，不必担心有熊来扰，同时也确保了熊的自然膳食。

出于人身安全考虑，请在距离炊事和清洁区至少 200 英尺（约 60 米，80 步）的地方搭建帐篷或吊床，不要将食物或有味物品带入帐篷，换上干净的衣服就寝。沾有食物气味的衣服也应与食物一同存放。如果有熊闯入露营地，请大声呼喊把它

在有熊出没的地方，正确放置食物和垃圾很重要。悬挂防熊挂包可能要费些功夫，但这是你到达露营地后首先要做的事情。白天悬挂熊包比晚上要容易得多。熊包应悬挂在距地约 12 英尺（约 3.66 米），距树干和最近的树枝约 6 英尺（约 1.83 米）的位置。——本 · 劳恩

使用链条或其他方法管好宠物是减小对当地野生动物和其他游客影响的最佳方法。——本·劳恩

吓走，并唤醒其他同伴。如果难以驱离，或许需要你们集体离开营地。即便这样会损失一些设备或食物，也绝不要靠近或惹怒野熊。

管好宠物

野生动物和宠物很难完美相处——狗和猫是已被驯化的捕食性动物，通常还保留着追逐和捕杀猎物的本能。在美国某些州，官方还会抓捕甚至处置那些追逐、伤害或威胁野生动物或家畜的流浪狗。反过来，跟随游客来到野外的宠物狗也可能受到野生动物、车辆或马匹的伤害，甚至遭遇豪猪、臭鼬或陷阱。拴有链索的狗会吓跑野生动物，没拴链索的狗则会伤害或杀死野生动物，它们可能会追出很远，然后迷路，也可能带着一身豪猪刚毛归来。有时，最好的选择就是把宠物留在家中。不管你的狗平时是不是听话，到了野外，每只狗都有可能在主人作出反应之前一冲而出，去追逐逃窜的野生动物。

此外，宠物也会成为野生动物疾病或寄生病菌的携带者或寄生体，传播渠道一般是粪便。如果要携带宠物旅行，请提前确认所有的限制要求。确保宠物已接受最新的犬瘟热、狂犬病和细小病毒疫苗接种，身上没有任何寄生虫（包括心丝虫和其他寄生虫）。

猫所面临的问题与狗不同，但同样严峻。最新研究估测，美国国内的宠物猫每年捕杀14亿至37亿只鸟，以及69亿至207亿只小型哺乳动物。一项研究中，一只营养充足的猫在18个月内捕杀了至少60只鸟和1600只小型哺乳动物。研究表明，给猫喂食、去除猫爪、带上铃铛也难以控制它们的进攻行为——将其留在家中是唯一有效的选择。有关管理宠物的其他信息请参见下一条原则（第93页）。

考虑其他游客感受

Be Considerate of Other Visitors

尊重的概念很简单：主动予人以尊重，就更易获得他人尊重。请选择可以减少潜在拥挤、冲突和不必要噪声的方式行动。

随着保护区周边土地的开发和人口数量的膨胀，越来越多的游客选择到保护区进行游览活动。我们的保护区接待的人数日益增加，愈发拥挤，在广受欢迎的景点和目的地尤为明显。最近几十年，游客们在保护区开展的休闲活动种类越来越多样化,其中就包括可能带来游客间额外冲突的机动车船项目在内。对游客而言，他们就更应该分享步道和休闲区，采纳能够保持和提高彼此户外体验品质的做法。让户外爱好者们在每一个项目中独享步道、野餐区、河流或露营地是不切实际的，没有那么多空间。

户外“礼仪”是常被忽略的话题。我们不情愿检视自己的个人行为，尤其是在户外，自由自在的感觉才最重要。科学家认为，这与我们拓展休闲活动种类的动机有关：一部分游客的愿望是提高自己的户外技能，另一部分则是为了逃离一成不变的日常生活或寻找独处的感觉，还有一部分是想和家人朋友共同享受愉快的户外冒险。专注于提高技能的皮划艇爱好者或攀岩爱好者即便是在有些拥挤和冲突的情况下，一样能获得更高品质的体验。相反地，对于观鸟人来说，哪怕只是遇到少量游客或一丁点儿噪音，他们的户外体验也会大打折扣。

离开步道，站在坚固地面上给马队或其他人员让路。在地形陡峭的地方应站在下坡侧。——杰弗里・马里恩

尊重其他游客，保全他们的旅行体验

我们的公共土地必须能够承载各种各样的休闲活动和不同数量的游人到访。外出游玩时，要接受与其他游客共享公共土地，包括与自己不同的游客。认真规划行程，带领队友去往可以获得高品质体验的地方，同时确保与你们不期而遇的其他游客也能享受到同样高质量的旅行体验。如果想要策划一次成功的旅行，请在行前查询相关网站，咨询经验丰富的朋友，联络当地土地管理机构获取信息。根据你在不同时间地点有可能碰到的活动类型和参加次数来计划行程。下列“假定情况”或许能帮你减少与他人的拥挤和冲突：

- 假设你遇到的游客不想看到其他游客的存在或听到他们的声响。请记住，在不同环境条件、活动类型和游客类型中，每个人可能有不同的动机和考虑。如果可能的话，行程计划应尽量避开在高峰期到达那些广受欢迎的景点和步道。在远郊或荒野，尽量选择远离游客视线的地方扎营。尽量缩小团队规模，或在扎营时远离其他营地。不要大喊大叫、大声交谈或者制造可能会打扰附近其他游客的噪声，尤其是在夜晚或深夜时分。
- 假设你们选择的户外活动与其他游客的活动发生冲突。计划活动时应尽量避开会发生此类冲突的地方。确认并

请记住，所有户外爱好者都尽力共享有限的资源，而且我们都从共享路径、峭壁、河流和营地中获益。善意的言行可以确保大家都能享受各自的户外时光。——本·劳恩

遵守土地管理机构对土地使用类型的规定或建议。例如，特定步道会禁止或鼓励骑马或山地自行车通行，机动车只能在限定区域行进。

- 假设其他游客对高品质户外体验的初衷和理解与你不同。请留意与你不期而遇的其他游客，努力辨别你们的活动和行为会对他们的旅行体验产生什么影响。有疑问时，可以问问他们。尽可能地对你们的活动内容和方式做出相应调整，改变后续活动的时间或地点。

在户外活动中，请保持合作精神。我们和他人的互动应该

传递这样一种默契，就是意外发生时能够彼此信赖、依靠。多数时候，我们的户外体验归根究底是建立在与别人相互对待的态度之上。虽然我们的出游初衷和探险风格不尽相同，但心胸开阔、性情慷慨的人总会有路可走。

分享道路。看似微不足道的小事往往是最重要的。在路上一声友善的问候，身穿大地色调的衣服与周围景色融为一体，礼让他人通行，保持环境安静，这些简单的礼貌举止都会提升大家的户外体验。休息时不要堵塞道路；离开步道，找一块可供整个团队使用的可承受地表歇脚。

牵着或骑着动物前行的队伍在道路上拥有优先权。徒步和骑行的人应让到下坡侧等待。一些马匹在遇到狗、儿童、骑行者或背负大包的人时容易受到惊吓，因此在它们经过时要友好地和骑手打招呼，让马匹知道你是人类。在步道上遇到其他人时，则要让到上坡一侧，并放慢脚步（随时准备停下），跟它们打招呼，提醒它们这里有人，然后从左侧安全友好地通过。找一处可承受地表停留或缓行，以免因为占用步道使得道路变宽。如果使用耳机，请调低音量或单耳使用，以便能够觉察到其他想要通过步道的行人。如果是骑行，在经过视觉盲区拐角和接近他人时，请放慢车速。

尊重私人财产和原住民。如果没有业主的允许，私人土地是不向公众开放的。私人土地周围可能没有栅栏或清晰标志，所以辨识私人土地和公共区域就是你的责任了。如果业主允许你使用这片土地，那么请在游览过程中用心践行无痕山林准则，给后来者探访的机会。对待业主要友善而礼貌，感谢他们让你进入他们的私人领地。

本地牧场主通常可以在公共土地上放牧或农耕。如果他们给了你这份便利，通过大门时，无论你眼前的门是开是关，离开时都请将其保持原样，还请勿侵扰牲畜和作物或者破坏伐木工、矿工、装备商和他人的设备，以示尊重。

时刻尊重私人财产，只有经土地所有者许可方能进入。如果得到进入许可，请将所见一切物品保持原样，甚至令其比原样更好。

同样地，也要尊重当地原住民，包括他们的沟通方式、居住方式和生活方式。保持友好、谦逊、自信。注意部落土地边界，如果想要穿越他们的土地，请征求许可，并遵守特殊的法律限制。有时会为了举行原住民部落仪式而关闭公共土地，对此也请示以尊重。

管好自己的宠物。造访公园或森林时，要向当地土地管理机构确认携带宠物同行的相关规定或指南。例如，大部分国家公园禁止宠物进入步道，而另一些地方则要求使用链条。管好自己的宠物是对其他游客和野生动物的尊重，否则就请将宠物留在家中。如果所到之地允许宠物狗踏上步道，那么最好在遇到其他游客时将链条收紧一些。只有在规定允许或确定不会对其他游客或野生动物产生威胁的情况下，才可以解开链条。在露营地或野餐区，请事先询问其他游客，是否可以将宠物狗的链条解开。要密切注意你的狗没有打扰或惊吓到其他游客，或者吃进他们的食物或垃圾。要知道，有些人，尤其是孩子，会害怕狗。而且你的狗可能也很难与马匹、山地自行车手或其他宠物和谐相处。将宠物粪便从步道、野餐区和露营地移开，放在经认证的容器或垃圾桶中。如果是在远郊，也可以用挖猫洞的方式处理（参见第 33 页“妥善处置废弃物”部分的指导）。

让自然之音荡漾。大自然中的声音，像是山野中麋鹿的叫声，着实令人震撼，让我们的户外体验变得独特而动人。然而，人类制造的噪音会侵入并且很容易盖过大自然本来的声音。数

人们以不同的方式享受户外活动。尊重他人的选择度过自己的户外时光，让他们有机会体验孤独、寂静或自然的声音。——本·劳恩

英里外就能听到枪声、车鸣、犬吠和机动引擎，特别是摩托车的声音，更是很远就能听到。汽车和便携式音响也是公园和森林中“噪音污染”常见的形式。请尽量减少你的“噪音足迹”，特别是在夜晚时分和偏远之地。降低自己的音量，并建议周围人也如此效仿，让狗保持安静，听音乐时戴上耳机。汽车露营地的环境最具挑战性，因为那里通常是露营者扎堆的地方。更要特别留意减少令人讨厌的声音，比如电子产品提示音、嘈杂的营火活动声响、深夜畅聊的谈话声、大力关车门或卧室房门的砰砰声、机动车引擎或警报的声音等。记住，要倾听自然的声音。

很多户外旅行者为了安全或应急会携带移动电话，但要知道，其他游客会反感在户外看到或听到电话交谈。请考虑其他游客的感受，悄悄携带和使用移动电话，不要让别人看见或听到。除非有需要，否则请将手机保持关闭，或设置为“振动”或“静音”状态放在口袋中。同样，要避免在他人周围使用收音机、电子游戏机或者其他扰人的电子设备。对某些人而言，即便在户外，科技产品也是必不可少的。但对其他人来说，则不愿看到这些东西。参与户外活动时，要有意识地慎用科技产品，以避免由此产生冲突。

其他垃圾
Other Waste
海绵
Sponge
垃圾投放
START

LEAVE NO TRACE ETHICS

无痕山林户外行为准则

好的国家把自然资源当作资产，交给下一代时其价值比从前有所增益而非减损。——西奥多·罗斯福

欲变世界，先变自身。——甘地

早期欧洲殖民者将北美大陆的浩瀚荒野看作亟待开发的财富和进步的阻碍。如今，过去那片荒野上只剩下星星点点未被开发的土地，在我们的公园、森林、牧场和野生保护区中得以保存。这些保护区的人文价值随着人类对周围土地的不断改变而凸显。然而，这种人文价值又取决于我们要保护自然区，使其免受空气污染、外来物种入侵等外部影响和游客造成的环境退化等内部影响。

罗斯福总统以热衷于环境保护著称。他认可保护国家自然资源的社会价值，建立了国家野生动物保护区体系，签署立法设立了5个国家公园和18个国家遗址。一百多年前，他就强调，为了下一代的福祉，人类对于这些公共资源负有道德义务和保管义务。他认为，仅仅只是指定保护区并不能确保对大自然的保护——而需要在游客采纳最低环境影响做法的积极支持下实现专业管理。我们这代人和此后的人们所面临的挑战，就是确保我们的自然和文化遗产得到持续保护——也包括保护其免受人类自身休闲活动的损害。

行为准则通常来说就是“没有人看着时你会做的事情”，这是无痕山林的关键部分。户外行为准则将指导你在每次休闲活动时负起应尽的责任。——本·劳恩

罗斯福的理念时至今日依然奏效，然而随着人口数量的增长和我们对生态和生态系统进程获得新的认知，对可持续做法的认识也已经发生改变。户外装备上的技术进步使得我们可以携带轻型帐篷或者防水吊床，以火炉取代对环境影响更大的营火，以睡垫取代树枝、茅草或苔藓床。这些装备能够大大降低对自然资源的影响，提供更为高效、安全、舒适的体验，不过也要考虑到生产和运输这些装备所带来的环境影响抵消了其所带来的部分好处。

我们可以在享用保护区的同时不对其造成伤害——但只有

必须将户外行为准则传递给下一代。帮助儿童学习无痕山林技能和行为准则，教他们成为合格的户外玩家。——本·劳恩

我们担负起个人责任去学习并应用最低环境影响实践，并与他人分享我们的知识和技能的前提下才能做到。记住，我们是游客，必须以尊重生活在自然中的动物和植物为前提去行动。

请从以下问题思考一下你的行为后果：如果每个人都这样做会怎样？无痕山林课程教授的行为准则和实用技能，能够帮助我们在户外旅行时履行我们的共同责任。正如甘地所说，我们能够促使他人改变，从而改变我们周围的世界。请自主学习无痕山林初阶讲师或高级讲师课程，然后再向他人传授。遵循无痕山林准则，人人有责。

是什么让我们正确行事？政府机构的条例规定还是强制要求吗？我们只是按照一系列“该做什么”和“不该做什么”的规定行事，或是遵循父母或户外领队的指导吗？又或者，是我们个人的道德准则，让我们在出行时主动保护我们所热爱的自然环境？行为准则是辨别是非的道德原则；以行为准则为引导的行为是一种自由选择和自我导向的行为，其所有制约都是自我约束。行为准则决定了我们在独处时如何行事。我们自觉避免或减少旅行中的环境影响，能够让土地管理部门减少限制访问次数以及限制游客行为的规定。

无痕山林七项原则提供了一个行为原则框架，可以将其作为以对生态负责任的方式与自然环境互动的基础。无痕山林行为准则不仅适用于郊野出游，也适用于住宅区附近的户外休闲和日常生活。所有的户外环境，无论其开发程度如何，都会受益于游客的低环境影响行为。扎营时，为了保护树木，我们不带斧头或锯子，而是用手折断下垂的树枝。我们尊重野生动物，将食物和垃圾存储在它们无法触及的地方，并和它们保持一定距离。我们忍住摘花的冲动，是因为摘掉鲜花其他游客就无法欣赏到它，植物也会因此失去结种新生的能力。

如果你真想保护自然，就要去了解自然。深入了解自然环境的认识过程将提升你判断不同户外行为后果的能力。哪里是最合适的可承受地表？你会选择已有的步道和营地或分散活动吗？考虑生火的多种选择，以火圈、土堆火或坑火取代气灶或炭炉。选择最适宜的低环境影响方式需要各种知识，包括对周边环境、活动和团体类型、土地管理指导、天气条件的认识和相关知识技能等。你的选择将对周边环境和其他游客的体验产生深远影响。

在休闲活动和日常生活中应用3R原则——减少使用（reduce）、重复利用（reuse）、循环利用（recycle）。在当地二手市场购置户外衣物和装备，捐赠可再利用的闲置物品，考虑自制衣物或装备。户外旅行时通过拼车或乘坐公共交通工具来减少碳足迹。使用休闲锻炼两相宜的交通方式，步行或骑车去公园或上班。上网做些调查，尽量购买最“绿色”、最生态环保的产品。考虑如何将无痕山林行为准则应用于家庭生活和工作中。增加生活的可持续性！

LEAVE NO TRACE IN THE FRONTCOUNTRY

在近郊应用无痕山林准则

近郊包括车辆可轻易到达，并且一日游游客最常造访的户外区域，比如靠近居住地的保护区和发展成熟的传统公园和森林。近郊的无痕山林实践方式有别于在偏远地区，主要原因在于景点开发、设施以及休闲活动和所需装备的不同。举例如下：

坚守步道。在步道上行走可以为野生动物和它们的巢穴留出空间。走捷径则会侵蚀土壤。要做好沾一身泥的准备，遇到水坑请径直穿过。靴子只需通宵就能晾干，而植被需要数年才能恢复。

保护水源。河岸区域对动植物的健康生长和多样性十分重要。对于众多需要潮湿环境的物种来说，这些区域通常是它们唯一的栖息地。

管好宠物。管好你的狗，保证游人、其他宠物、家畜和野生动物的安全。他人不一定愿意与你的宠物亲近，所以事先询问一下别人，他们是否允许你的狗靠近。不要让宠物跑得太远，要对其保持控制。按要求携带并使用狗链。

尊重私有财产。请遵守写着“请勿擅自闯入”的标志。如果领地边界不清晰，就不要进入这个区域。对他人的财产，要像对待自己的一样小心爱护。

捡拾粪便。狗狗的排泄物很臭，而且其他人可能会不小心踩到。无论何时，我们都要随身携带袋子，以便随时化身“铲屎官”。

如图所示，近郊地区往往不堪游人重负，环境有时会受到严重影响。选择适合个人需要的近郊地点出行，学习必要的知识技能，出行时尽量减少对环境的影响。——本·劳恩

保护动物的野性。大自然是野生动物的家，作为游客，你理应尊重它们，远距离观察，切勿投喂。

处理垃圾。请带走所有垃圾，无论是自己还是他人产生的。即便是“可生物降解”的物质（比如橘子皮、苹果核和食物残渣）也需数年才能分解，而且这些垃圾会通过食腐动物影响其他野生动物。

保持环境原貌。采摘花朵、收集石头或者拿走路标看起来不是什么大事，但这就意味着其他人失去了欣赏它们的机会。想想游客的数量有成百上千万，如果我们每个人都能降低环境影响，我们就能更加长久地享受现有的一切。

分享道路。我们以不同的方式享受着户外生活。注意，做好偶遇他人的准备，保持礼貌。

A FINAL CHALLENGE

最终挑战

与你所在地区的土地管理机构和团体联络，了解如何能够为保护环境出一份力。如果你很喜欢某个地方，就请积极参与

请保持在正式步道上行进，以避免形成非正式（游客造成的）道路，对附近植被和土壤造成不必要的影响。在荒地上排成一列纵队前进，以避免拓宽道路。——杰弗里·马里恩

当地的土地规划和管理工作。参与志愿服务，比如清洁环境、控制入侵物种、维护步道、参与修复工程，或者组织你所在地区的志愿工作。成为“公民科学家”或志愿者，监察资源环境情况或开展保护项目。参与土地保护工作，并传播你对土地使用的见解。拓展自己有关低环境影响的知识，向他人传授无痕山林课程。接受参与其中的挑战，为周围环境带来改变。

拨打电话 800-332-4100 或访问无痕山林网站 www.LNT.org，获取无痕山林学习资料、具体课程和培训相关信息。

对于使用摩托化或机械化车辆或船艇的游客来说，还有一个相关资源，就是“轻痕”项目（Tread Lightly Program），联系请拨打电话 800-966-9900，或访问网站 www.treadlightly.org 了解项目详情。

RESOURCES

资 源

无痕山林课程
Leave No Trace Courses

若想学习更多无痕山林户外技能和行为准则，请参加各类无痕山林正式课程。短期的认知工作坊和在线认知课程为不同类型的户外爱好者提供无痕山林技能和行为准则介绍概览。为期五天的高阶讲师课程和为期两天的初阶讲师课程则提供更为全面的定制体验式培训，适用于户外教育工作者和其他想要了解更先进知识的人群。可登录无痕森林户外网站，查询您附近的高阶讲师和初阶讲师培训课程。选择最适合自己的培训！

在线认知课程。共一小时，重点了解无痕山林原则，简要了解低环境影响实践和行为准则。

认知工作坊。从一小时到一天不等，介绍无痕山林七项原则和主要的低环境影响实践。适用于户外爱好者团体，包括青年营成员、大学生、专业户外人士、童子军或徒步俱乐部成员。

初阶讲师课程。为期两天的体验式课程，由一位或多位高

中间蹲着的就是本书作者杰弗里·马里恩，在弗吉尼亚山探洞之旅后和冒险队成员一同合影。—— 无痕山林户外行为准则中心

阶讲师授课，帮助参与者深入学习无痕山林实践和行为准则知识，传播低环境影响技能的技巧。初阶讲师课程适用于户外教育工作者，营地、俱乐部、部队或学校领队，导游，旅行社员工和其他户外专业人士。完成初阶课程后，就可以向家人、朋友和客户传授适用于不同环境条件的无痕山林技能了。

高阶讲师课程。五天的体验式学习课程，通过基于现场环境的实践应用，为参与者全面培训无痕山林技能和行为准则。课程由权威机构提供，每门课由至少两位经验丰富的户外专业人士授课。第一天为室内课，介绍课程安排，多方位深入了解无痕山林项目。剩下四天在徒步、骑行、溯溪中学习和实践无痕山林原则。您可以通过短剧表演、讨论和实践活动学习低环境影响实践。为了营造良好的学习气氛，让大家有机会实践无痕山林教学，每位参训人员将会就某项无痕山林原则讲一节课。培训合格人员将成为有资格培训无痕山林初阶讲师的认证高阶讲师。截至2014年1月，已有无痕山林高阶讲师共计六千多名，分布在全球40个国家和美国50个州。

《技巧和行为准则手册》系列图书

Skills & Ethics Booklet Series

若想了解针对各项具体户外活动或环境的无痕山林低环境影响做法，可在 LNT.org/shop/publications 网页购买《技能和行为准则手册》。

“无痕山林”已根据多种环境、活动和生态系统做出调整。无论你以何种方式度过户外时光，“无痕山林”都有适合你的选择。—— **无痕户外行为准则中心**

各类专业户外活动

探洞

山地自行车

攀岩

海洋舟

骑马

钓鱼

活动环境

阿拉斯加冻原

落基山脉

沙漠和峡谷

内华达山脉

五大湖区

东南地区（如佐治亚、南北卡罗莱纳、田纳西等）

北美

西部河流走廊

东北地区的山脉（如白山山脉和绿山山脉）

西北太平洋沿海地区（主要指华盛顿和俄勒冈两个州）

“无痕山林”团队活动
Leave No Trace for Groups

有组织的团队可以为不同人群提供户外培训、设备、专门技术和物流支持，无论是想要参与探险的新手，还是想要在向导的帮助下寻求独特体验的户外专家，都能从中获益。

许多户外发烧友都是通过童子军活动、教会团体外出通宵、夏令营、徒步俱乐部或学校组织的短途旅行开始接触户外出游的。

团队可以将无痕山林理念传达给更广泛多样的受众，所以能够起到关键的推广作用。

但是，有组织的大型团队在户外活动，有时会留下令人诟病的坏名声，例如制造噪声、人潮拥挤、卫生状况恶劣、踩踏和对土地带来的影响。这些指责有时确实成立；但多数时候其实有点偏颇。现有调查表明，团队对土地和其他游人的影响更大程度上取决于该团队的户外技巧和行为方式，而非人数多少。

无论团体规模大小，进行的是何种活动，在什么样的环境下，都必须遵守户外行为准则，达到无痕山林原则的要求。——迪安·罗左尼

无痕山林项目制订了旨在帮助团队采纳并推广无痕山林户外做法的实践手册，一方面能够更好地保护户外资源，另一方面还能提升户外体验。该手册致力于对本书以及无痕山林系列课程和《无痕山林技巧与准则手册》系列图书中较为深入的指导方针提供补充。将这些行为准则逐渐渗透到您所在的团队中，您就能够大大改善户外条件，提升他人的户外体验。做到这一点，或许还能防止产生更为严苛的规定或团队人数限制。

请让“无痕山林”作为团队日程的核心内容，为保护我们珍爱的环境做出自己的努力。

请下载和分享有关“无痕山林”团队活动的手册：LNT.org/sites/default/files/GroupUseBrichure.pdf。

建议：参加每次户外活动时，可以通过邮件将此文件分享给领队（无论是成人还是青少年团队）。

无痕山林项目简史

A Brief History of the Leave No Trace Program

究竟是应该应对美国联邦政府各部门的要求、保护自然和文化资源，还是不遗余力地向游客提供高质量的游览机会？土地管理者其实一直都在为了保持上述二者的平衡而进行斗争。管理中的一个重要元素即是向游客灌输最小化环境影响的技巧和伦理，因为对游客的教育是一种潜移默化的形式，可以减少对更直接和更强势的管理方式的需求。

为了应对在 20 世纪 60 年代后期猛增的户外活动需求，美国联邦土地管理相关部门开发了最初的“环境影响最小化”教育项目。比如，美国国家公园的访问人次从 1960 年到 1970 年之间增加了一倍多（从七千二百万人增加到了一亿七千万人），而美国林业署所管理的国家森林远郊和荒野的访问量则翻了三倍。面对户外活动的猛增，媒体报道开始怀疑美国人是否要将他们热爱的国家公园“宠溺致死”；而土地管理者同时目击了一系列的资源破坏，包括大量增长的游客自行创造的（不正规）的步道和营地、越来越多的垃圾、对树木的破坏，以及逐渐减少的植被和土壤。土地管理者为了应对环境恶化，颁布实施了一系列的管理和教育准则。大多数的管理人员都要遵照这些新颁布的国会法律， 在提供户外游览资源的同时，还要维护土地的自然面貌。这些硬性的法律法规面临了很多挑战，尤其是在游客访问数量特别高的公园和环境保护规范特别严格的荒野地区。

虽然土地管理者最初大力推行法律规范，但就如美国林业署的荒野专家吉姆·布拉德利（Jim Bradley）所说，仅仅通过法律法规来进行治理是不适合的，因为：

- 更多的法规不仅不能赢得公众的支持，还会适得其反地让他们产生抵抗；
- 大多数环境破坏绝非游客恶意为之，而是因为他们缺乏环境影响最小化的知识；
- 因为荒野地区面积大，加之特别偏远，所以在这些地区执行法规是非常困难的。

美国联邦土地管理者另辟蹊径，开发了一系列针对公众意识的教育项目，旨在让人们在意识到自己行为所带来的对环境的影响的基础之上，能够自觉地学习和执行“环境影响最小化”行为准则。在 20 世纪七八十年代，包括美国林业署（USFS）、国家土地管理局（BLM）和国家公园署（NPS）的联邦机构，发行了许多命名如“荒野行为规范”（Wilderness Manners）、“荒野伦理”（Wilderness Ethics）、“环境影响最小化露营”（Minimum Impact Camping）和“无痕露营”（No-Trace Camping）的小册子。

荒野管理是80%~90%的教育和信息加上10%的法规。

——马克斯·帕特森（Max Perterson），
前国家森林管理局局长，1985年

这一系列的公众教育工作最初在美国西北太平洋沿海地区的USFS荒野管理项目里展开。在政府办公室、游客中心和各公园的步道口，联邦雇佣了许多荒野教育专家。他们以平易近人的方式，向公众展示低影响的旅行和露营操作指南。在20世纪80年代初，一个更正式的“无痕”项目诞生了。它的主旨是培养公众的荒野道德感，并且宣传更可持续化的、低影响的户外行为规范。这一项目取得了巨大成功，并促使联邦的几大土地管理机构（包括国土局、林业署和国家公园署）在1987年联合制定和发行了一本名为“无痕山林户外行为准则”的手册。与此同时，一系列的推广低影响行为的书籍相继出版，它们包括：

- 《荒野手册》（*The Wilderness Handbook*, 1974）
- 《慢步荒野》（由西耶拉俱乐部出版）（*Walking Softly*

in the Wilderness ,1977)

- 《远郊户外行为准则：徒步和露营者的环境考虑》(*Backwoods Ethics: Environmental Concerns for Hikers and Campers*, 1979)
- 《林间缓步》(*Soft Paths*,1988)

有关游客影响重要因素和最小化影响实践的科研成果也在同期大量增长，形成了新的“休闲生态”（Recreation Ecology）的研究领域。

截至 90 年代，对游客进行教育的需求越来越明显，而研究领域关于游客对环境影响的知识也越来越多，这促使美国国家林业署（USFS）和美国户外领导学校（National Outdoor Leadership School，以下简称 NOLS）联合，开发更多的低影响实践培训。NOLS 是开发和教授荒野技能方面的公认的领导者，而这些技能也包括环境影响最小化的徒步和露营经验。这一联合的主旨是开发一个国家范围的教育项目，类似于已经取得成功的控制森林火灾的“大雾山之熊”项目、控制野外垃圾的“林中猫头鹰”项目，和始于 1985 年的旨在减少机动车对荒野影响的“轻行”项目（www.treadlightly.org）。于是，美国国家林业署和 NOLS 在 1991 年正式签署协议，并在同年教授了第一个为期五天的高阶讲师培训课程。

我们一直以来都认为，教育才是扭转荒野破坏趋势和减少游客对荒野影响的最佳战略……因此，林业署出资开发了无痕山林项目，为非机动车出行的荒野游客提供户外行为指南。

—— Dale Rnbertson，前国家森林管理局局长，1992

1994 年，NOLS 国家户外领导学校和包括美国国家林业署、国家公园署、国土局和美国鱼类与野生动物署在内的联邦机构签署扩大化协议，由这些联邦机构进行无痕山林项目的统一指导，由 NOLS 执行无痕山林的课程开发、导师培训和信息传播等重要职能。于是，国家户外领导学校制作并出售了宣传册、技巧与伦理指南书、指导视频和其他教育材料，并通过免费电话和网站进行销售。这一项目的进一步发展，离不开户外产品制造商和零售商和其他户外组织的额外资金支持。于是，在 1994 年，通过国家机关、企业部门和民间非营利机构的支持，“无痕山林”这一非营利组织（Leave No Trace, Inc.）正式成立。截至 1996 年，这一机构共有两名全职员工，预算为 108 425 美元，并有一个由 8 人组成的董事会。

国家无痕山林项目继续发展和延伸，包括以下里程碑：

- 无痕山林原则被修改，包括了保护野生动物和游客体验这一重心；阿帕拉契亚山脉俱乐部（Appalachian

Mountain Club）被纳为除 NOLS 之外的第二个高阶讲师培训者。

- 无痕山林机构拥有 9 名全职员工；《十六个无痕技巧和户外行为准则》正式出版。
- 2001 年——共有 1122 名高阶讲师通过培训，包括林业署培训 254 人，国土局培训 121 人，国家公园署培训 107 人，鱼类和野生动物保护署培训 4 人。
- 2002 年——启动了儿童环境意识项目（Environmental Awareness in Kids，简称 PEAK），通过有趣的互动游戏，培训 6 至 12 岁孩子有关无痕山林的知识。
- 2003 年——无痕山林公司正式名称更换为无痕山林户外行为准则中心（Leave No Trace Center for Outdoor Ethics）。
- 2005 年——除了最初的国家户外领导学校和阿帕拉契亚山脉俱乐部两个培训机构之外，新增了包括里程碑学习（Landmark Learning)、荒野教育协会（Wilderness Education Association)、美国童子军（Boy Scouts of America）和国家林业署的九英里培训中心等的高阶讲师培训机构。
- 2006 年——近郊无痕山林拓广项目正式启动。
- 2013 年——无痕山林组织拥有 12 名全职人员，4 个无痕山林—斯巴鲁联合创办的环游讲师项目，6000 名高阶讲师，30000 名初阶讲师。

无痕山林户外伦理中心也在美国之外的地区设立了分支机构。实践经验因地制宜，请访问相应网站获取更多信息。

爱尔兰“无痕山林”：www.leavenotraceireland.org

加拿大“无痕山林”：www.leavenotrace.ca/home

附　录

附录一

词汇表

可避免的影响（Avoidable impact）：在不影响休闲体验质量的情况下，完全能够避免的生态退化（例如破坏树木或投喂野生动物）。踩踏等不可避免的影响可通过采用环境影响最小化的方法尽量减少。

堆石路标（Cairns）：在没有树木或步道的区域，用来标记路径和指引徒步者的石堆。新建堆石路标或者改变现有堆石路标会给脆弱的环境带来更多踩踏影响，或者将游人误导至危险区域。

集中（Concentration）：在游人众多的地方、已建成的正式步道和停留点，或是承受力很强的地面上集中通行，尽量减少对环境的踩踏影响。

分散（Dispersal）：在较为偏远的地区，分散通行和活动，以防止形成新的步道和停留点。如果你看到植物已有损坏，应避免进一步踩踏，并转移到一片新营地或区域。

可承受地表（Durable surface）：几乎看不出踩踏痕迹的人行道、岩石、碎石、雪地或结冰的地面和贫瘠土壤。如果找不到承受力较强的地表，也可以在没有植被覆盖却有有机枯落物（树叶、松针）的地方或者干草区行走。

已建好的正式步道和休闲区（Formal and well-established trails and recreation sites）：土地管理人员为减少对可耐受地表的踩踏影响而鼓励使用的专为频繁通行设计的指定成熟步道、白日停留点和营地。

近郊（Frontcountry）：车辆可达并且一日游游客最常造访的户外区域，包括靠近居住地的保护区和发展成熟的传统公园和森林。

可再利用废水（Gray water）：做饭或洗碗用的水；其中可能含有会吸引野生动物的食物残渣或强烈气味，需要经过过滤和妥善处置。

非正规步道和休闲区（Informal trail and recreation sites）：土地管理人员一般不建议游人使用的营地、一日游停留点和由游客创造的步道。其中很多都不具有可持续性，也并无存在必要，如果游人能充分利用已建好的正式步道和停留点或者分散通行，本可避免成型。

恢复自然状态（Naturalize）：通过将石头和木柴废墟分散开来并盖上一些有机垃圾和植被，移除营地或篝火点的所有痕迹，这样一来其他游客就不会发现和重复使用这一地点。

外来植物和动物（Non-native plants and animals）：并不是某一特定区域的本土物种。也就是说，这些物种是被运输和引入到此地区的。外来物种胜过和取代本地物种并导致严重的生态破坏和 / 或经济损失的情况，通常被称为生物“入侵”。

游人众多的区域（Popular areas）：保护区里游人最常造访的地方，包括富有特点的景点和频繁接待游人的目的地。可以通过集中使用已经建好的正式步道和休闲区来减少环境影响。

原始区域（Pristine areas）：保护区中人迹罕至、地处偏远的地方。可以通过分散使用来尽量减少环境影响，这样一来就不会形成新的步道和休闲区，对于已经受到轻微影响的已有步道和休闲区，也应远离，让它们能够尽快恢复良好状态。

有味物品（Smellables）：食物、饮料罐、垃圾、饭后餐具、杀虫剂、药物、急救包、润唇膏、浴液、香皂、牙膏、除臭剂和其他洗护用品。任何味道都会吸引动物，不管散发出味道的东西是否可以食用。

厕所类型（Toilet types）：冲水式厕所把排泄物冲到污水处理厂或附近的地下排水区域。马桶式厕所带有储水箱，定期抽走废弃物，排放至污水处理厂处置。堆肥式厕所的热量、虫子和微生物能够通过自然的方式分解排泄物，形成堆肥。坑式厕所是在地面直接挖坑，填满后用土掩埋，此类厕所是可以不断移动的。便携式厕所，排泄袋和排泄管可临时将废弃物包起来，之后再用水冲走或放置到污水处理设施里再做处理。有些地方要求使用化学物质和酶,这样就可以把排泄物扔到垃圾箱,用于填埋。

零垃圾或零废弃（Trash-free or zero-waste events）：出游或团体聚会成员携带可以重复使用或回收的食物和饮料，以避免或大大减少必须打包带走的废物。大部分垃圾必须被带出去。“零废弃”现已延伸到同样适用于人类排泄物和可再利用的废水。

野生动物的习惯化和摄食依赖行为（Wildlife habituation and attraction behavior）：已经习惯与人类共生的野生动物能够容忍人类的存在以及人类带来的有限影响。接触过人类食物和垃圾的动物会对这种食物产生依赖，继而开始带着攻击性向人类讨要食物，变得既危险又惹人厌。当它们威胁到人类财产或生命时，土地管理人员有时不得不痛下杀手。

附录二
扩展阅读

本书是根据能够获得的最佳相关信息编纂而成，信息来源包括科学研究、户外组织、土地管理部门以及户外休闲活动经验。本书内容经过无痕户外行为准则中心及其教育评审委员会和美国地质勘探委员会同行审议项目的审核和批准。下列按照本书章节列出的参考阅读清单包含了书中的大量科学和技术信息来源，想要了解更多信息的读者可从中查找。其中许多参考资料都能在网络上搜到，所以我们也鼓励读者上网搜集更多信息。因为网址和网上内容都经常更新，所以下面我们只列出了部分网站。

引 言

Brame, Rich, and David Cole. 2011. *NOLS Soft Paths*, 4th ed. Stackpole Books, Mechanicsburg, PA.

Cole, David. 2002. "Ecological impacts of wilderness recreation and management." In *Wilderness management: stewardship and protection of resources and values.* J. Hendee and C. Dawson. Fulcrum Publishing, Golden, CO. 413-59.

Cole, David N. 2004. "Impacts of hiking and camping on soils and vegetation: a review." In Ralf Buckley, ed. *Environmental impacts of ecotourism.* CAB International, Wallingford, UK. 41-60.

Cordell, Ken. 2012. "Outdoor Recreation Trends and Futures." USDA Forest Service, Southern Research Station, Asheville, NC.

Gutzwiller, Kevin, and David Cole. 2005. "Assessment and management of wildland recreational disturbance." In Clait Braun, ed. *Wildlife Management Techniques Manual*, 6th ed. The Wildlife Society, Bethesda, MD. 779-96.

Ham, Sam, Terry Brown, Jim Curtis, Betty Weiler, Michael Hughes, and Mark Poll. 2007. "Promoting persuasion in protected areas: A guide for managers." Sustainable Tourism CRC. Gold Coast, Queensland, Australia.

Hammitt, William, and David Cole. 1998. *Wildland Recreation: Ecology and Management*, 2nd ed. John Wiley & Sons, Inc., New York.

Leave No Trace Center for Outdoor Ethics. 2012. Leave No Trace website, www.LNT.org.

Leopold, Aldo. 1949. *A Sand County Almanac*. Oxford University Press, Inc., New York.

Leung, Yu-Fai, and Jeffrey Marion. 2000. "Recreation impacts and management in wilderness: A state-of-knowledge review." In *Proceedings: Wilderness Science in a Time of Change, 1999; Vol. 5: Wilderness ecosystems, threats, and manage-ment,* 23-48; Missoula, MT. Proceedings RMRS-P-15-Vol-5. USDA Forest Service, Rocky Mountain Research Station, Ogden, UT.

Manning, Robert. 2007. *Parks and carrying capacity: Commons without tragedy.* Island Press, Washington, DC.

——2003. "Emerging principles for using information/education in wilderness management." *International Journal of Wilderness* 9(1):20-27.

Marion, Jeffrey, and David Bates. 2005. "Implementing Leave No Trace at camps." American Camping Association, *Camping Magazine* 78(3):54-57.

Marion, Jeffrey, and Scott Reid. 2007. "Minimising visitor impacts to protected areas: The efficacy of low impact education programmes." *Journal of Sustainable Tourism* 15(1):5-27.

McGivney, Annette. 2003. *Leave No Trace: A guide to the new wilderness etiquette.* 2nd ed. The Mountaineers, Seattle, WA.

Newsome, David, Susan Moore, and Ross Dowling. 2002. *Natural area tourism: Ecology, impacts, and management.* Channel View Publications, Clevedon, UK.

Turner, James. 2002. "From Woodcraft to 'Leave No Trace': Wilderness, consumerism, and environmentalism in twentieth-century America." *Environmental History* 7(3):462-84.

行前充分计划与准备

Cole, David N. 1989. “Low-impact recreational practices for wilderness and backcountry.” USDA Forest Service, General Technical Report INT-265.

Eunomia Research and Consulting. 2008. “Guideline for working towards zero waste events.” Auckland City Council, Auckland, New Zealand.

Leave No Trace Center for Outdoor Ethics. The Leave No Trace Skills & Ethics booklet series consists of 20-30 page booklets that provide in-depth descriptions of low-impact practices for a diverse range of recreational settings and outdoor activities, including Alaska Wildlands, Caving, Deserts and Camping, Fishing, Horse Use, Lakes Region, Mountain Biking, North America, Northeast Mountains, Pacific Northwest, Rock Climbing, Rocky Mountains, Sea Kayaking, Sierra Nevada, Southeast, and Western River Corridors.

Leave No Trace Center for Outdoor Ethics. Leave No Trace Courses. *Master Educator Cours*—in-depth low-impact outdoor skills training (5 days) designed for people who actively teach others. Trainer Course—in-depth low-impact outdoor skills training (2 days) designed for group/trip leaders and other interested individuals. *Awareness Workshop*—low-impact outdoor skill instruction (<1 day) for all outdoor recreationists.

Leave No Trace Center for Outdoor Ethics. 2008. “Leave No Trace group use” brochure.

Leave No Trace Center for Outdoor Ethics. 2007. *Leave No Trace 101:101 ways to teach Leave No Trace.* Boulder, CO.

London Organizing Committee of the Olympic Games and Paralympic Games Limited. 2012. London 2012 Zero-Waste Events Protocol. www.london2012.com.

Marion, Jeffrey, Teresa Martinez, and Robert Proudman. 2001. "Trekking poles: Can you save your knees and the environment?" *The Register* 24(5):1, 10, 11.

Martin, Steven, and Kate McCurdy. 2010. "Wilderness food storage: Are bearresistant food storage canisters effective?" *International Journal of Wilderness* 16(1):13-19.

Monz, Christopher, Joseph Roggenbuck, David Cole, Richard Brame, and Andrew Yoder. 2000. "Wilderness party size regulations: implications for management and a decision-making framework." In David Cole, Stephen McCool, William Borrie, and Jennifer O'Loughlin, comps. *Wilderness science in a time of change conference. Vol.4: Wilderness visitors, experiences, and visitor management.* USDA Forest Service Gen. Tech. Rep. RMRS-P-15-VOL-4:265-273.

USDA. 2010. "Risk assessment of the movement of firewood within the United States." U.S. Department of Agriculture, Animal and Plant Health Inspection Service, Raleigh, NC.

在可承受地表行走和露营

Belnap, Jayne. 2003. "The world at your feet: Desert biological soil crusts." *Frontiers in Ecology and the Environment* 1(5):181-89.

Cole, David. 1989. "Low-impact recreational practices for wilderness and backcountry." USDA Forest Service, General Technical Report INT-265.

——.1990. "Trampling disturbance and recovery of cryptogamic soil crusts in Grand Canyon National Park." *Great Basin Naturalist* 20:321-26.

——.1993. "Trampling effects on mountain vegetation in Washington,Colorado, New Hampshire, and North Carolina." USDA Forest Service Res.

Pap. INT-464.

——.1995. "Disturbance of natural vegetation by camping: Experimental applications of low-level stress." *Environmental Management* 19:405-16.

——1995. "Experimental trampling of vegetation. I. Relationship between trampling intensity and vegetation response." *Journal of Applied Ecology* 32:203-14.

Cole, David, and Chris Monz. 2003. "Impacts of camping on vegetation: Response and recovery following acute and chronic disturbance." *Environmental Management* 32(6):693-705.

Hockett, Karen, Amanda Clark, Yu-Fai Leung, Jeffrey Marion, and Logan Park. 2010. "Deterring off-trail hiking in protected natural areas: Evaluating options with surveys and unobtrusive observation." Virginia Tech College of Natural Resources & Environment, Blacksburg, VA.

Kuntz, Kathryn, and Douglas Larson. 2006. "Influences of microhabitat constraints and rock-climbing disturbance on cliff-face vegetation communities." *Conservation Biology* 20(3): 821-32.

Leung, Yu-Fai, and Jeffrey L. Marion. 1996. "Trail degradation as influenced by environmental factors: A state-of-the-knowledge review." *Journal of Soil and Water Conservation* 51 (2): 130-36.

Leung, Yu-Fai, and Jeffrey Marion. 2000. "Recreation impacts and management in wilderness: A state-of-knowledge review." In D. Cole and others, eds. *Proceedings: Wilderness science in a time of change, 1999; Vol. 5: Wilderness ecosystems, threats, and management,* 23-48; Missoula, MT. Proceedings RMRS-P-15-Vol- 5. USDA Forest Service, Rocky Mountain Research Station, Ogden, UT.

——.2004. "Managing impacts of campsites." In Ralf Buckley, ed.

Environmental Impact of Tourism. CABI Publishing, Cambridge, MA. 245-58.

Marion, Jeffrey. 1998. "Recreation ecology research findings: Implications for wilderness and park managers." In "Proceedings of the National Outdoor Ethics Conference, April 18-21, 1996, St. Louis, MO." Izaak Walton League of America, Gaithersburg, MD. 188-96.

——.2003. "Camping impact management on the Appalachian National Scenic Trail. Appendix 2: Camping Management Practices." Report published by the Appalachian Trail Conference, Harpers Ferry, WV.

Marion, Jeffrey, and David Cole. 1996. "Spatial and temporal variation in soil and vegetation impacts on campsites: Delaware Water Gap National Recreation Area." *Ecological Applications* 6(2):520-30.

Marion, Jeffrey, and Tracy Farrell. 2002. "Management practices that concentrate visitor activities: Camping impact management at Isle Royale National Park, USA." *Journal of Environmental Management* 66(2):201-12.

Marion, Jeffrey, and leremy Wimpey. 2007. "Environmental impacts of mountain biking: Science review and best practices." In *Managing Mountain Biking*. Pete Webber, ed. International Mountain Biking Association, Boulder, CO. 94-111.

McClaran, Mitchel, and David Cole. 1993. "Packstock in wilderness: Use, impacts, monitoring, and management." Gen. Tech. Rpt. INT-301. USDA Forest Service, Intermountain Research Station, Ogden, UT.

Pickering, Catherine, Wendy Hill, David Newsome, and Yu-Fai Leung. 2010. "Comparing hiking, mountain biking and horse riding impacts on vegetation and soils in Australia and the United States of America." *Journal of*

Envi- ronmental Management 91:551-62.

Spildie, David, David Cole, and Sarah Walker. 2000. "Effectiveness of a confinement strategy in reducing pack stock impacts at campsites in the Selway- Bitterroot Wilderness, Idaho." In D. Cole and others, eds. *Proceedings: Wilderness science in a time of change, 1999; Vol. 5: Wilderness ecosystems, threats, and management,* 199-208; Missoula, MT. Proceedings RMRS-P-15- Vol-5. USDA Forest Service, Rocky Mountain Research Station, Ogden, UT.

Tread Lightly. 2012. Tread Lightly 101 Online Awareness Course. (www.treadlightly.org)

Wimpey, Jeremy, and Jeffrey Marion. 2010. "The influence of use, environmental and managerial factors on the width of recreational trails." *Journal of Environmental Management* 91:2028-37.

妥善处置废弃物

Bridle, Kerry, and Jamie Kirkpatrick. 2003. "Impacts of nutrient additions and digging for human waste disposal in natural environments, Tasmania, Aus- tralia." *Journal of Environmental Management* 69(3):299-306.

——.2005. "An analysis of the breakdown of paper products (toilet paper, tis-sues and tampons) in natural environments, Tasmania, Australia." *Journal of Environmental Management* 74:21-30.

Campbell, Jonathan, and David Gibson. 2001. "The effect of seeds of exotic species transported via horse dung on vegetation along trail corridors." *Plant Ecology* 157:23-35.

Cilimburg, Amy, Christopher Monz, and Sharon Kehoe. 2000. "Wildlife recreation and human waste: A review of problems, practices, and concerns." *Environmental Management* 25(6):587-98.

Civil, Karen, and Brett McNamara. 2000. Best practice human waste management workshop. Workshop proceedings, Canberra & Jindabyne, Australian Alps Liaison Committee, Environment Australia.

Clow, David, Rachael Peavler, Jim Roche, Anna Panorska, James Thomas, and Steve Smith. 2011. "Assessing possible visitor-use impacts on water quality in Yosemite National Park." *California. Environmental Monitoring and Assessment* 183:197-215.

Derlet, Robert, K. Ger, lohn Richards, and James Carlson. 2008. "Risk factors for coliform bacteria in backcountry lakes and streams in the Sierra Nevada Mountains: A 5-Year study." *Wilderness & Environmental Medicine* 19:82-90.

Ells, Michael, and Christopher Monz. 2011. "The consequences of backcountry surface disposal of human waste in an alpine, temperate forest and arid environment." *Journal of Environmental Management* 92(4): 1334-37.

Hargreaves, Joanna. 2006. "Laboratory evaluation of the 3-bowl system used for washing-up eating utensils in the field." *Wilderness & Environmental Medicine* 17:94-102.

Ketcham, Peter. 2001. "Backcountry sanitation manual." Green Mountain Club and the Appalachian Trail Conservancy, Harpers Ferry, WV.

Lachapelle, Paul. "Sanitation in wilderness" Balancing minimum tool policies and wilderness values." In D. Cole and others, eds. *Proceedings: Wilderness science in a time of change, 1999; Vol. 5: Wilderness ecosystems, threats, and management,* 141-47; Missoula, MT. Proceedings RMRS-P-15-Vol-5. USDA Forest Service, Rocky Mountain

Research Station, Ogden, UT.

Land, Brenda. 1995. "Remote waste management." USDA Forest Service, Technology & Development Program, Report 9523-1202-SDTDC.

Lenth, Benjamin, Mark Brennan, and Richard Knight. 2006. "The effects of dogs on wildlife communities." Research report to City of Boulder Open Space and Mountain Parks. Boulder, CO.

Meyer, Kathleen. 1994. *How to Shit in the Woods*. 2nd ed. Ten Speed Press, Berkeley, CA.

Temple, Kenneth, Anne Camper, and Gordon McFeters. 1980. "Survival of two Enterobacteria in feces buried in soil under field conditions." *Applied & Environmental Microbiology* 40(4):794-97.

Temple, Kenneth, Anne Camper, and Robert Lucas. 1982. "Potential health hazard from human wastes in wilderness." *Journal of Soil & Water Conservation* 37(6):357-59.

Wells, F., and W. Laurenroth. 2007. "The potential for horses to disperse alien plants along recreational trails." *Rangeland Ecology & Management* 60:574-77.

Wilkinson, Donald, Daniel Armstrong, and Dale Blevins. 2002. "Effects of wastewater and combined sewer overflows on water quality in the Blue River Basin, Kansas City, Missouri and Kansas, July 1998-October 2000." U.S. Geological Survey, Water-Resources Investigations Report 02-4107.

保持环境原有风貌

Belzer, Bill, and Mary Steisslinger. 1999. "The box turtle: Room with a view on species decline:." *The American Biology Teacher* 61 (7):510-13.

DiVittorio, Joe, Michael Grodowitz, and Joe Snow. 2010. "Inspection and cleaning manual for Equipment and vehicles to prevent the spread of invasive species. Technical Memorandum No. 86-68220-07-05. USDI Bureau of Reclamation, Denver, CO.

Gower, Stith. 2008. "Are horses responsible for introducing non-native plants along forest trails in the eastern United States?" *Forest Ecology & Management* 256:997-1003.

Humane Society of the United States. 2009. "Should wild animals be kept as pets?" Washington, DC.

McLeod, Lianne. 2012. "Wild animals as pets: Ethical issues and potential pit-falls."

http://exoticpets.about.com/od/exoticpetsissues/a/wildanimals.htm. Accessed: Jan. 8, 2014.

Mount, Ann, and Catherine Pickering. 2009. "Testing the capacity of clothing to act as a vector for non-native seed in protected areas." *Journal of Environmen- tal Management* 91:168-79.

Partners in Amphibian and Reptile Conservation. 2012. "Please don't turn it loose." www.parcplace.org. Pamphlet. Arizona Game & Fish Department, Phoenix, AZ.

Pickering, Catherine, and Ann Mount. 2010. "Do tourists disperse weed seed? A global review of unintentional human-mediated terrestrial seed dispersal on clothing, vehicles and horses." *Journal of Sustainable Tourism* 18(2):239-56.

Potito, Aaron, and Susan Beatty. 2005. "Impacts of recreation trails on exotic and ruderal species distribution in grassland areas along the Colorado Front Range." *Environmental Management* 36(2):230-36.

Prinbeck, Gwenn, Denise Lach, and Samuel Chan. 2009. "Exploring stakeholders' attitudes and beliefs regarding behaviors that prevent the spread of invasive species." *Environmental Education Research* 17(3):341-52.

Root, Samantha, and Catherine O'Reilly. 2012. "Didymo control: Increasing the effectiveness of decontamination strategies and reducing spread." *Fisheries* 37(10):440-48.

Schuppli, C., and D. Fraser. 2000. "A framework for assessing the suitability of different species as companion animals." *Animal Welfare* 9:259-372.

Ward, Caroline, and Joseph Roggenbuck. 2003. "Understanding park visitors' responses to interventions to reduce petrified wood theft." *Journal of Interpretation Research* 8(1):67-82.

Western Regional Panel on Aquatic Nuisance Species. 2009. "Quagga-zebra mussel action plan for western U.S. waters." Aquatic Nuisance Species Task Force.

Wildesen, Leslie. 1982. "The study of impacts to archaeological sites." *Advances in Archaeological Method & Theory* 5:51-96.

Wisconsin Council on Forestry. 2008. "Best management practices for preventing the spread of invasive species by outdoor recreation activities in Wisconsin."

Wittenberg, Rudiger, and Matthew Cock, eds. 2001. "Invasive alien species: A toolkit of best prevention and management practices." Global Invasive Species Programme. CAB International, Wallingford, UK.

野外用火影响最小化

Bull, Evelyn. 2002. "The value of coarse woody debris to vertebrates in the Pacific Northwest." Gen. Tech. Rpt. PSW-GTR-181. USDA Forest Service, Pacific Northwest Research Station, LaGrande, OR.

Bratton, Susan, and Linda Stromberg. 1982. "Firewood gathering impacts in backcountry campsites in Great Smoky Mountains National Park." *Environmental Management* 6(1):63-71.

Christensen, Neal, and David Cole. 2000. "Leave No Trace practices: behaviors and preferences of wilderness visitors regarding use of cookstoves and camping away from lakes." In D. Cole and others, eds. *Proceedings: Wilderness science in a time of change, 1999; Vol. 5: Wilderness ecosystems, threats, and management*, 77-85; Missoula, MT. Proceedings RMRS-P-15-Vol-5. USDA Forest Service, Rocky Mountain Research Station, Ogden, UT.

Cole, David. 1995. "Rationale behind fire building and wood gathering practices." Master Network, Leave No Trace Newsletter 7:12-13.

Cole, David N., and John Dalle-Molle. 1982. "Managing campfire impacts in the backcountry." General Tech. Rpt. INT-135, USDA Forest Service, Intermountain Forest & Range Experiment Station, Ogden, UT.

Davies, Mary. 2004. "What's burning in your campfire? Garbage in, toxics out." USDA Forest Service, Technology & Development Program, Rpt. 0423-2327- MTDC, Missoula, MT.

Fenn, Dennis, Jay Gogue, and Raymond Burge. 1976. "Effects of campfires on soil properties." Ecological Services Bulletin 76-20782. USDI National Park Service, Washington, D.C.

Hall, T. E., and T. A. Farrell. 2001. "Fuelwood depletion at wilderness campsites: Extent and potential ecological significance." *Environmental Conservation* 28:1-7.

Hammitt, William E. 1982. "Alternatives to banning campfires." Parks 7, 3:8-9

——.1980. "Fire rings in the backcountry: Are they necessary?" *Parks* 5:8-9

Houck, James, Andrew Scott, Jared Sorenson, and Bruce Davis. 2000. "Comparison of air emissions between cordwood and wax-sawdust firelogs burned in residential fireplaces." In *Proceedings of AWMA & PNIS international specialty conference: Recent advances in the science of management of air toxics, Banff, Alberta.*

Jacobi, W., B. Goodrich, and C. Cleaver. 2011. "Firewood transport by National and State Park campers: A risk for native or exotic tree pest movement." *Arboriculture & Urban Forestry* 37(3):126-38.

Marion, Jeffrey. 2003. "Camping impact management on the Appalachian National Scenic Trail. Appendix 2: Camping Management Practices." Report published by the Appalachian Trail Conference, Harpers Ferry, WV.

Reid, Scott, and Jeffrey Marion. 2005. "A comparison of campfire impacts and policies in seven protected areas." *Environmental Management* 36(1):48-58.

Trickel, Robert, Nicole Wulff, and Bill Jones. 2012. "Invasive species and firewood movement." Fact Sheet 5.4, Don't Move Firewood website: www.dontmovefirewood.org.

Vachowski, Brian. 1997. "Leave No Trace campfires and firepans." USDA Forest Service, Technology & Development Program. Rpt. 9723-2815-MTDC, Missoula, MT.

尊重野生动物

Anderson, S. H. 1995. "Recreational disturbance and wildlife populations." *Wildlife and recreation: Coexistence through management and research.* Island Press, Washington, DC.

Cole, David, and Richard Knight. 1991. "Wildlife preservation and recreational use: Conflicting goals of wildland management." In *Transactions of the 56th North American Wildlife & Natural Resources Conference.* 233-37.

Cole, David, and Peter Landres. 1995. "Indirect effects of recreationists on wildlife." In R. Knight and K. Gutzwiller, eds. *Wildlife and recreationists: coexistence through management and research.* Island Press, Washington, DC.

Coleman, John, and Stanley Temple. 1993. "Rural residents' free-ranging domestic cats: A survey." *Wildlife Society Bulletin* 21: 381-90.

Coleman, John, Stanley Temple, and Scott Craven. 1997. "Cats and wildlife: A cgnservation dilemma." Texas Parks & Wildlife, Austin, TX.

Dahlgren, R., and C. Korschgen. 1992. "Human disturbances of waterfowl: An annotated bibliography." Rpt. 188, U.S. Fish & Wildlife Service, Washington, DC.

Garber, Steven, and Joanna Burger. 1995. "A 20-yr study documenting the relationship between turtle decline and human recreation." *Ecological Applications* 5(4):1151-62.

Gookin, J., and T. Reed. 2009. *NOLS bear essentials: Hiking and camping in bear country.* Stackpole Books, Mechanicsburg, PA.

Gutzwiller, Kevin. 1995. "Recreational disturbance and wildlife communities." In R. Knight and K. Gutzwiller, eds. *Wildlife and recreationists:*

Coexistence through management and research. Island Press, Washington, DC.

Hartley, William. 1996. *Loving nature... the right way: A family guide to viewing and photographing scenic areas and wildlife*. IntroNet Solutions, Inc., Minneapolis, MN.

Joslin, G., and H. Youmans (coordinators). 1999. "Effects of recreation on Rocky Mountain wildlife: A review for Montana." Committee on Effects of Recreation on Wildlife, Montana Chapter of The Wildlife Society.

Knight, Richard, and David Cole. 1991. "Effects of recreational activity on wildlife in wildlands." Transactions of the 56th North American Wildlife & Natural Resources Conference. 238-46.

Knight, R. L., S. A. Temple. 1995. "Wildlife and recreationists: Co-existence through management." Chapter 20 in R. L. Knight and K. J. Gutzwiller, eds. *Wildlife and recreationists: Coexistence through management and research. Island Press,* Washington, DC.

Lindsay, Karen, John Craig, and Matthew Low. 2008. "Tourism and conservation: The effects of track proximity on avian reproductive success and nest selection in an open sanctuary." *Tourism Management* 29:730-39.

Loss, S. R., T. Will, and P. P. Marra. 2013. """The impact of free-ranging domestic cats on wildlife of the United States.""" *Nature Communications* 4:1396 doi: 10.1038/ncomms2380.

Marion, Jeffrey, Robert Dvorak, and Robert Manning. 2008. "Wildlife feeding in parks: Methods for monitoring the effectiveness of educational interventions and wildlife food attraction behaviors." *Human Dimensions of Wildlife* 13:429-42

Orams, Mark. 2002. "Feeding wildlife as a tourism attraction: A review of issues and impacts." *Tourism Management* 23:281-93.

Rogers, Lynn. 1991. "Reactions of black bears to human menstrual odors." *Journal of Wildlife Management* 55(4):632-34.

Smith, T., S. Herrero, T. DeBruyn, and J. Wilder. 2008. "Efficacy of bear deterrent spray in Alaska." *The Journal of Wildlife Management* 72(3):640-45.

Taylor, Ken, Ros Taylor, Kath Longden, and Paul Fisher. 2005. "Dogs, access and nature conservation." English Nature Rpt 649. Peterborough, England.

Vachowski, Brian. 1994. "Low impact food hoists." USDA Forest Service. 9523- 2809-MTDC.

考虑其他游客感受

Manning, Robert. 2007. Parhs and carrying capacity: Commons without tragedy. Island Press, Washington, DC.

Manning, Robert, and Laura Anderson. 2012. Managing outdoor recreation: Case studies in the national parhs. GABI, Cambridge, MA.

Pilcher, Ericka, Peter Newman, and Robert Manning. 2009. "Understanding and managing experiential aspects of soundscapes at Muir Woods National Monument." *Environmental Management* 43:425-35.

Schneider, Ingrid. 2000. "Revisiting and revising recreation conflict research." *Journal of Leisure Research* 32(1):129-32.

Stewart, William P., David N. Cole. 2001. "Number of encounters and experience quality in Grand Canyon backcountry; consistently negative and weak relationships." *Journal of Leisure Research* 33(1): 106-20.

Watson, Alan, Daniel Williams, and John Daigle. 1991. "Sources of conflict between hikers and mountain bike riders in the Rattlesnake NRA." *Journal of Park & Recreation Administration* 9(3):59-71.

无痕山林户外行为准则

Ajzen, I. 2002."Perceived behavioral control, self-efficacy, locus of control, and the theory of planned behavior." *Journal of Applied Social Psychology* 32(4):665-83.

Bromley, Maria, Jeffrey Marion, and Troy Hall. 2013. "Training to teach Leave No Trace: Efficacy of Master Educator courses." *Journal of Park and Recreation Administration*. 31(4): 62-78.

Daniels, Melissa, and Jeffrey Marion. 2006. "Communicating Leave No Trace ethics and practices: Efficacy of two-day Trainer Courses." *Journal of Park & Recreation Administration* 23(4): 1-19.

D'Antonio, Ashley, Christopher Monz, Peter Newman, and others. 2012. "The effects of local ecological knowledge, minimum-impact knowledge, and prior experience on visitor perceptions of the ecological impacts of backcountry recreation." *Environmental Management* 50:542-54.

Douchette, Joseph, and David Cole. 1993. "Wilderness visitor education: Information about alternative techniques." Gen. Tech. Rpt. INT-295, USDA Forest Service, Intermountain Research Station, Ogden, UT.

Fishbein, M., and M. Manfredo. 1992. "A theory of behavior change." In M. Manfredo, ed. *Influencing human behavior: Theory and application in recreation, tourism, and natural resources management.* 29-50. Sagamore Publishing Inc., Champaign, IL.

Ham, Sam, Terry Brown, Jim Curtis, and others. 2007. "Promoting persuasion in protected areas: A guide for managers." Sustainable Tourism CRC, Strategic Communication and Visitor Behaviour, Gold Coast, Australia.

Harding, James, William Borrie, and David Cole. 2000. "Factors that limit compliance with low-impact recommendations." In D. Cole and others, eds. *Proceedings: Wilderness science in a time of change, 1999; Vol 4: Wilderness visitors, experiences, and visitor management,* 198-202; Missoula, MT. Proceedings RMRS-P-15-VOL-4. USDA Forest Service, Rocky Mountain Research Station, Ogden, UT.

Manning, Robert. 2011. *Studies in outdoor recreation: Search and research for satisfaction.* 3rd ed. Oregon State University Press, Corvallis, OR.

Marion, Jeffrey, Ben Lawhon, Wade Vagias, and Peter Newman. 2011. "Revisiting 'Beyond Leave No Trace." *Ethics, Place & Environment* 14(2):231-37.

Marion, Jeffrey, and Scott Reid. 2007. "Minimising visitor impacts to protected areas: The efficacy of low impact education programmes." *Journal of Sustainable Tourism* 15(1): 5-27.

Oelschlaeger, Max. 1995. "Taking the land ethic outdoors: its implications for recreation." In R. Knight and K. Gutzwiller, eds. 335-50. *Wildlife and Recreationists: Coexistence through Management and Research.* Island Press, Washington, DC.

Simon, Gregory, and Peter Alagona. 2009. "Beyond Leave No Trace." *Ethics, Place & Environment* 12(1):17-34.

Vagias, Wade, and Robert Powell. 2010. "Backcountry visitors' Leave No Trace attitudes." *International Journal of Wilderness* 16(3):21-27.

无痕山林项目简史

Hampton, Bruce, and David Cole. *Soft Paths: How to Use the Wilderness Without Harming It.* Stackpole Books, Mechanicsburg, PA.

Hart, John. 1977. *Walking softly in the wilderness: The Sierra Club guide to backpacking.* Sierra Club Books, San Francisco, CA.

Marion, Jeffrey, and Scott Reid. 2001. "Development of the United States Leave No Trace program: A historical perspective." In M. Usher, ed. *Enjoyment and Understanding of the Natural Heritage.* Scottish Natural Heritage, Edinburgh, The Stationery Office Ltd., Scotland. 81-92.

Petzoldt, Paul. 1974. *The Wilderness Handbook.* W.W.Norton & Co., New York.

Waterman, Laura and Guy. 1979. *Backwoods ethics. Environmental concerns for hikers and campers.*

研究需要的链接

Aldo Leopold Wilderness Research Institute: www.leopold.wilderness.net

Arthur Carhart National Wilderness Training Center: www.carhart.wilderness.net

Leave No Trace Research: www.LNT.org/teach/research

Outdoor Education Research and Evaluation Center: www.wilderdom.com/research.html

Outdoor Industry Association: www.outdoorindustry.org

Recreation Ecology Research Network: www.cnr.ncsu.edu/rern

Wilderness.net: www.wilderness.net

附录三
从“无痕山林”到“无痕X”
——自然之友·盖娅自然学校的LNT实践

冬小麦

清晨的山谷中，云雾缭绕，四周只有鸟儿鸣唱和流水潺潺的声音。一位男士拿着户外锅具来到河边冲涮，突然，冲出一位外国人，冲着他大声叫“No！ No！”，然后是叽里咕噜地一番教训。男士很委屈地解释些什么，而这位外国人则大声回答：“Wrong model！”

“Wrong model”！ 2012年11月，发生在台湾哈盆保护区这一幕，已经成了盖娅自然学校每一期自然体验师培训中，无痕山林课程中的经典案例。

2007年前后，时任自然之友环境教育团队工作人员的胡卉哲，跟随某些户外队伍有过几次“痛苦”的登山经历：埋头赶路匆匆冲顶带着征服的喜悦合影，怀抱着“登一座山，清一条路”的“雄心壮志”去捡垃圾，垃圾却越捡越多的现状，让

让下七个世代共享碧水蓝天。

胡卉哲越来越感觉“这样不对”。

2010 年，自然之友来自台湾的实习生陈婉宁，承接了第一期“自然体验师”培训的组织工作，已经在台湾参加过 LNT 培训的她，把“无痕山林”加进了课程表中，并请三夫户外的领张杨和王农作为讲师带领学员到密云的云蒙峡去体验。当时两位领队并没有接受过无痕山林的培训，只是根据陈婉宁提供的台湾林务局出的无痕山林宣传折页，和学员一起对篝火营地进行了无痕处理，并带领大家清理沿途的垃圾，给大家留下最深印象的是在那么偏远的山区，有篝火留下的灰烬和大量的垃圾，以及领队过去在自然中亲身经历的冒险故事，然而对于无痕山林的原则并没有太多认识。

此时已是环教部负责人的胡卉哲因此开始关注美国“LNT”（无痕山林）网站：完整的理念，清晰的条目，科学的数据让她感觉“LNT”理念与课程应该可以对人们有很具体的启发和指导。

2011年11月，台湾讲师郑廷斌和徐铭谦来到北京，举办了第一期种子讲师培训。之后，胡卉哲又和张伯驹、熊玮等第一批种子讲师成立“无痕山林”研究小组，翻译了一系列文章。通过培训和研讨，大家越来越认识到：“LNT”是很好的环境教育课程，它促使人们在与自然更丰富地联结同时，将对环境的干扰降到最低。而它最有价值的地方是，也许你看不到江河污染，垃圾填埋，可你能感受到随时的一个行为可以给自然带来的影响，而每个人都可以从个人的行为改善开始。”

这与自然之友“真心实意，身体力行”的核心价值观简直可以无缝链接，它指向行动，但又不仅仅是行为规范那么简单，它不是只有捡垃圾、不要在野外烤肉生火等的教条，它是维护野外的完整及尊重所有生命的生命权的课程，重点是人的一种生活态度及观念的改变。

为了在中国大陆更迅速地推广LNT，2012年，自然之友的志愿者成立了无痕山林小组，并于当年组织了首批赴台高阶讲师培训。“Wrong model”的事件就发生在那一次。

其实来自北京的伙伴 L 是一位非常认真的学员，他尽力用 LNT 的每一项原则约束自己，那天早餐后，他已经很严格地在距离水源 60 米以外，用茶籽粉仔细地清理完锅具，用打来的河水冲洗并分散泼洒之后，才提着干净的锅具来到小河边做最后的洗涮。然而讲师 Bean 却说，“看到的人并不知道你的锅具是干净的，只是认为可以在河里清洗锅具。”

晚上大家围着火堆分享一天的收获，讲师斌哥（郑廷斌）也温和地说到，我们学习 LNT 课程，不是用来衡量和批评他人的，尤其作为一个引导者，用正确的行为去影响他人远远胜于说教，因此要时时警醒自己。

经历了使 LNT 本土化的种种历程，2013 年，自然之友出版了具有实用性和指导意义的书籍《自然北京无痕游》。

由于和自然之友理念的殊途同归，在自然之友环教部，及其 2014 年转型成立的盖娅自然学校的各种环境教育课程中，贯彻无痕山林的原则成了自然而然的事。

《自然北京无痕游》是盖娅以“无痕”为名开设的系列课，将 LNT 的理念和方法融入到一学年的自然体验活动中。比如在户外露营的课程中，孩子们需要花半天的时间进行学习和讨论，怎么样做好行前准备？其中有一项是关于食物，怎样在户外吃好吃饱，并减低垃圾的产生。在学习和讨论之后，他们要自行到超市购买一天一夜的食材。有一组孩子到蔬菜柜台，在售货员的建议下，拿了买一送一的两份蔬菜，离开后又返回到柜台，放下了其中的一份，在售货员诧异的眼神和一再解说下，他们摇摇手离开了。孩子们也许生活经验非常稚嫩，但是他们宁可不“占便宜”，也不愿意将可能产生的垃圾带到户外，这样的回归日常生活习惯的“无痕”是深入人心的。也许他们背不出那些原则条目，但是逐渐提高的意识以及行为上的自我约束令人欣慰。

LNT 也是“自然体验师”培训的重要学习内容，虽然只有几个小时的学习讨论，学员们都会非常感慨：“原来以为自己已经够环保的了，现在才知道还有那么多细节自己是模糊的，

行动有力量，净滩反思生活。

可以做得更好”。而学员感触更深的，则是几位讲师（同时也是 LNT 高阶讲师）的身体力行，不仅是在课堂上。

在学员演练时忘情投入，讲师悄悄地站在一株地黄的前面，避免有人误踩到它；在野外上课的归途，讲师会带动学员捡拾垃圾带回来；在食堂，讲师会用手将丢到厨余桶的纸巾捡出来，吃饭时，讲师们努力光盘，将早餐剩下的咸菜装在饭盒中，下一餐又拿出来……这些都出现在学员的总结当中。

盖娅自然学校的讲师们大都参加过LNT初高阶讲师培训，而参加盖娅所有课程和营队活动的学员，都会收到“活动告知书”，其中的环保原则会提到“自带水杯”“避免小包装和一次性物品”“垃圾减量并带回”“对到访的自然、人文环境不破坏”等，而这些不仅仅落实在纸面上，而是通过讲师们的身体力行、苦口婆心，润物细无声地影响到家长和孩子，即使是森林幼儿园的小朋友，都能说出很具体地如何尊重生命和对环境减少冲击的种种办法，而这些也帮助大家更好地在自然中进行体验与学习。

就这样，LNT 不再仅仅是一个课程，也不仅仅是户外活动的指南，从无痕山林到无痕 X，它给予人们对如何更环保地生活很多启发和思考，而对于自然教育的引导者，LNT 也成了非常重要的身正为范的行为准则。

附录四
无痕山林与盖娅亲子团

火桐

2012 年 11 月，自然之友第一批无痕山林志愿者赴台湾参加高阶讲师培训，他们在荒野保护协会鲸鱼老师的热心牵线下，观摩了一场荒野亲子二团的活动。其中几位已经有了一些自然体验师的经验，心里难免嘀咕“这个我们也可以做！”。——这大概算是无痕山林和亲子团最早的缘分吧。

荒野保护协会的创始人徐仁修老师说过，“老狗学不会新把戏”，环境教育要从娃娃抓起，荒野亲子团“炫蜂团”因此诞生。然而娃娃们的学习难道不是从模仿大人开始的吗？也因此爸爸妈妈从“陪孩子”来参加活动的被动角色，转变为“带领孩子”共享自然的“引导员”，荒野亲子团又催生了大量环境教育的志愿者。

这样的经验更是鼓舞着我们，从台湾回到北京就开始筹划、动员、招募，2013 年 4 月，自然之友亲子团正式成立。

从成立之初的38个家庭，到后来的将近100个家庭，每个月一次的活动，对于亲子团来说都是很大的考验——这么多人去户外活动，是否违背了“无痕山林”的原则？如何才能最大程度减小对环境的冲击？

平时一天的活动还好，大都会选在公园，那里有大量的硬地供集体开始和结束，在做自然体验活动时则可以分成小队散开。当然，活动中一以贯之的环保原则“不带来任何垃圾、不带走任何属于当地的东西”，“尊重所有生命生存的权利”都是必须的。

但每年两次，每次两天一夜的露营，既是大小营员热切盼望的，又是工作团队反复纠结的活动。甚至在某些无痕山林讲师的质疑下，去不去都成了问题。

九月，又到了露营的季节，今年还组织吗？预报名的60个家庭、130多人，一起露营，合适吗？这么多人的垃圾怎么处理？排泄物怎么处理？吃饭用水怎么办？这么多人去到户外什么也不做就是对环境的冲击……

在激烈的“争论”后，亲子团团务最终还是决定，去！

现实情况是，城市人蜂拥而至大自然，拦是拦不住的，或个体，或团队。亲子团如果能够以无痕山林的理念和原则为指导，结合自己的实际情况去实践，引导亲子团的家庭学习到正确、合适的露营方式，与自然平等相处的方式，即使是这么多人的集体露营，仍然能够做到“无痕”，拥有一份安静与美好，那必然在大小营员心中埋下热爱自然、保护自然的种子。

今年露营的主题是：回到原点。地点就选在四年前亲子团第一次露营的老掌沟。在众多老团员心目中，这里是亲子团开始的地方；同时，这是新学年的开始，我们要回顾做亲子团的初衷，通过这样一场活动体验在自然中哪些是必需的，哪些不是必需而且会对周遭环境造成冲击的，从而思考人与自然的关系、人与人之间的关系，反思自己的生活方式。

总召小队发布了活动通告及装备清单，其要点是：

- 有重装徒步 2 千米的环节
- 食物准备要求：按量准备，不得浪费
- 当日天气预报

以上是为了让团员对装备清单有所理解，当然总召小队本身的准备得更多，关于活动设计，关于路线与交通，关于后勤保障，关于安全，等等。

活动的开始，是敬山仪式（还准备了白酒！）。之后，所有人捡拾一个自然物作为与山神“沟通”的小信物。小信物在身边，时刻在提醒团员记得跟山神之间的那些庄重约定。同时大家约定，小信物要在活动结束之后离开之前交还给这里的大自然。

从这个时候开始，每一个人都带着到这里来做客的心情，和所有生命平等的心情、向大自然学习的心情进入这片山林。

营地探索。

大小营员各自以自己的方式去探索都有哪些生物跟自己共享这片美好的领地。

胆子略大的小青蛙待在孩子的手心里，跟大家打完招呼匆匆蹦回草丛里。去外婆家路过的羞涩小蛇，也不打招呼，小蛮腰一扭，麻溜的没了影儿。见过的和从未谋面的小花，在这一刻如此美好。

除了美好与和谐，也有不忍直视的地方。游客留下的垃圾、零星散落各处的篝火遗址。

捡拇指粗的柴火。

火，堪称人类最重要的发现。在荒野中、在山林里，在黑暗、饥饿和寒冷的威胁下，人们对火的本能需求会比其他任何时候都更加强烈。然而不当的野外用火，除了安全隐患之外，还会给环境带来永久的冲击。

组织者“小心”地安排了野外用火实践环节。每个孩子一小把柴火，而且枯树枝尽量不超过大拇指粗，从观察营地内前人留下的篝火遗迹开始，参与搭火台、生火的全过程，有思考有行动，自然地学习如何用火，尽量降低对大自然的打扰。

夜晚，篝火逐渐燃尽，突如其来的雷雨带来了骚动和不安的情绪，亲子团冒雨提前拔营。

按事先约定，各家的垃圾自己负责带回城里，但因为下雨计划被打乱，最终营地垃圾被收到补给车拉走。而团长红隼特意把前一晚烧尽的灰烬撒开，让其回归大自然。

游客留下的篝火灰烬与亲子团处理火台后的照片对比。

当团员们离开老掌沟，到达有信号的地方，甲虫团团长小米第一时间通报安全：除了人的安全，还有环境的安全，我们没有留下任何垃圾，露营地比我们来之前更干净。

附录五

用心户外

——记深圳市登山户外运动协会的无痕山林行动

邹慧恒

深圳登协历史

深圳市登山户外运动协会（以下简称：深圳登协）于2003年注册成立，该协会由深圳的户外运动爱好者组成。协会的宗旨在于推广登山户外运动，为最广泛的户外运动爱好者提供参与活动交流的平台，营造理性、和谐、有序的户外氛围，在全社会倡导自由、开放、进取的生活态度，树立健康、安全、环保的户外理念。“理性、团队、环保、诚实、进取”是协会的核心理念。

深圳登协借鉴香港攀山总会的成功经验，于2007年建立了大陆首个户外培训体系——户外运动证书培训体系，该户外四级（初级、中级、领队、教练）体系每级课程都将LNT贯穿其中，理论结合实操，课程涉及LNT介绍及七项原则、野外露营环保等各项户外知识，并将 LNT 初阶讲师培训列为户外领队及户外教练培训必修课程。

经过十年不懈的努力，深圳登协的户外培训通过学员将 LNT 准则带入户外活动及户外赛事，随着深圳登协的培训课程体系从深圳向珠三角乃至全国范围不断推广，户外群体基数日益庞大，活动范围从低海拔户外运动到高海拔徒步攀登均有涉及。

深圳登协培训中心主任薛嵘在针对户外教练的初级户外示范课中演示 LNT 七项原则

LNT 培训

早期的 LNT 内容都是经由深圳登协注册教练对七项原则的理解后进行口授相传，渐渐地将侧重点放在野外环境下“可以做和不可以做”的行为准则和道德标准上，这一度让奉守该法则的户外人士对此产生疑虑。机缘巧合下，深圳登协部分教委会委员通过台湾 LNT 高阶讲师郑廷斌老师、吴冠璋老师，对 LNT 有了进一步的了解和认识，认为引进完整的 LNT 系列课程非常有必要。

为了能在深圳及周边地区更好地把 LNT 工作坊、初阶讲师培训、高阶讲师培训作为协会的系列培训，2016 年，深圳登协与大理领攀户外学校合作尝试在深圳开办两期 LNT 初阶讲师课程。之后，深圳登协成立了 LNT 推行项目小组，该小组在 2017 年上半年组织完成五期初阶讲师课程，其中两期初阶讲师社会班课程在澳门高阶讲师张子轩老师协助下开办且完成教材译制，另三期户外教练定制班则由深圳登协获得高阶讲师及初阶讲师的户外教练承办。

2017 年 8 月，经过 LNT 推行项目小组的筹备，邀请到由美国 NOLS 指导员 &LNT 高阶讲师班哲明（Benjamin Rush）主导，台湾 LNT 高阶讲师郑廷斌以及深圳登协 LNT 高阶讲师庄燕慧组成的导师团队，在台湾开办了第一期高阶讲师班课程。目前，深圳登协已完成 LNT 培训大纲、培训流程以及培训教案的制订工作，这将为日后执行户外培训中 LNT 示范教学提供很好的教学标准。

深圳登协教练凤三公子参加过 LNT 初阶讲师培训后，感受如下：

参加澳门张子轩老师的初阶课程，学习他的教学方法，是一次非常难得的机会。张子轩老师分别运用不同形式的体验式教学表达 LNT 七项原则，比如用辩论会让大家自己理解保持环境原有风貌的重要性，用静心聆听的时候突然被打扰的方法说明如何才是尊重他人。

营火作为当前众多户外活动中不可缺少的项目之一，已经被广泛运用，它被认为是营造气氛的重要手段。但对营火处理不当，则会对环境造成巨大破坏。我就曾看见在一些所谓的荒岛求生项目结束后，给大地留下了处处伤痕，让人目不忍睹。这次初阶课程，子轩老师选择可耐受的地面，在上面垫上一层锡箔纸，再架上柴火，这样既不会对地面造成影响，结束后也能很方便地带走所有废弃物，方法简单，效果良好，子轩老师的处理方法让大家更好地认识到如何在需求和保护环境之间保持平衡。他的课程处处体现了用心，让所有的学员明白户外乐趣和环保并不存在冲突，这也让我这个未来的讲师对 LNT 的推广充满信心。

张子轩老师在给学员上 LNT 初阶讲师培训理论课

参加过 LNT 高阶讲师培训后，深圳登协教练凤三公子感受更深：

初阶培训如果是知其然的话，高阶培训就应该知其所以然。宜兰之行，收获颇丰。作为深圳登协教练，也是青少年户外的导师，经常在户外见到垃圾遍地，除了心情沉重外，尽自己所能努力改变现状也成为义不容辞的责任，因此，参加在台湾宜兰九里溪的高阶讲师课程，也就成了当然的选择。

在郑延斌和吴冠璋老师的引导下，5 天的学习时间，让我逐渐学会了接纳陌生的环境和人，深深体会了当地猎人祖祖辈辈和大自然和谐相处之道。譬如野外用火，过去的猎人限于条件用枯枝直接在地上起火，但总是将火堆做的尽量小一点，让影响降到最低。听当地猎人介绍，这样也便于大家靠得更近一些，使用后再处理余烬，变废为宝。许多年过去了，森林里并没有出现被破坏的现象，依然是郁郁葱葱。这让我意识到，只要找到合适的办法，就能让大家在享受户外的同时也能保护环境。只有“在地化”，才能真正推广 LNT 理念，情怀要真正落地，才能被接受。

高阶学员丘碧媛感受如下：

LNT 的推广，是一个教育的过程，自我的成长教育，以及触动更多人的自我成长。正如卡尔·雅斯贝尔斯所说的，教育，是一棵树摇动另一棵树，一朵云推动另一朵云，一个灵魂唤醒另一个灵魂。LNT 是一个团体，路途虽然遥远，但只要我们在一起，一起改变，一起推动，就可以唤醒更多人和我们一起改变和推动。

深圳登协培训中心主任薛嵘感言：

初级户外培训时接触 LNT，让我们从垃圾的视角看问题；LNT 初阶讲师培训时，让我们从人的角度看问题；LNT 高阶讲师培训时，让我们从自然和动物的角度看问题。

深圳登协第一期 LNT 高阶讲师培训合影

清洁山野

在常规服务项目中，深圳登协将清洁活动山野作为他们的核心项目，自 2015 年至今，深圳登协志愿者服务中心完成山野清洁七十余次，并组织完成两季“清洁山野”联合大型公益徒步活动，足迹涉及深圳、香港、惠州、珠海等多个区域，用实际行动宣传环保理念，让人们更好地保护自然与环境。

深圳登协清洁山野

2007 年开始，深圳登协不断打造众多知名品牌活动，如动力深圳、大鹏新年马拉松、为爱奔跑、为爱同行公益健行活动（深圳站、杭州站、长沙站、北京站）、万科松花湖冰雪马拉松、中国（深圳）女子马拉松、中山国际马拉松、阿尼玛卿越野赛等。在组织运营过程中，深圳登协始终积极倡导、推广并践行零废弃的办赛理念，将“爱护环境，宣传环保”理念传递给每一名活动参与者，在赛事和活动中与自然之友环境研究所等机构进行合作，成功实现对每场赛事或活动的废弃物品进行分类回收。

深圳登协践行零废弃

（说明：附录五中照片由深圳市登山户外运动协会提供）

致 谢
Acknowledgments

书中介绍的低环境影响户外做法在过去几十年中不断发展、改进，日后还会继续更新。许多做法最初都来自联邦机构在 20 世纪 70 年代制订的野外环境影响最小化手册。这套做法在 80 年代发展成为更加正式的跨机构无痕山林项目，到了 90 年代，则开始与美国国家户外领导力学校开展合作，制订了更为全面的做法、相关资料和课程。

自 1997 年起，无痕户外准则中心教育审议委员会负责制定和改进低环境影响做法。1999 年，委员会修订了无痕山林原则；2002 年，开发了近郊项目；此后继续发展针对不同休闲活动项目和环境的低环境影响做法。委员会为教授和传播无痕山林理念作出了巨大贡献，我本人担任委员会主席直至 2005 年，此后一直作为委员会成员参与其中。委员会成员包括来自美国国家森林管理局、美国国家公园管理局、美国国家土地管理局、国家户外领导力学校、户外拓展训练学校、阿帕拉契亚山脉俱乐部、美国童子军组织和若干其他机构的代表。所有成员都对发展、改进和批准本书中的环境影响做法作出了巨大贡献。

感谢国家公园管理局、国家森林管理局、国家土地管理局、国家地质勘探局、无痕户外准则中心、国家户外领导力学校、美国童子军组织和阿帕拉契亚山步道管理处等机构和组织为本书提供的帮助和细心审议。还要感谢为本书提供了宝贵的审校意见的朋友们，他们是：本·劳恩（Ben Lawhon）、汤姆·班克斯（Tom Banks）、查理·索普（Charlie Thorpe）、丹·豪尔斯（Dan Howells）、大卫·贝茨（Dave Bates）、里奇·布雷姆（Rich Brame）、安迪·唐斯（Andy Downs）、托比·格林（Toby Green）、布鲁斯·哈那提（Bruce Hanat）、帕蒂·克莱因（Patti Klein）、梁宇晖（Yu-Fai Leung）、朗达·米克尔森（Rhonda Mickelson）和霍华德·克恩（Howard Kern）。

《无痕山林》
中文版致谢

2011年，自然之友将美国无痕户外行为准则中心的无痕山林（Leave No Trace in the Ourdoors）户外行为准则从中国台湾正式引入中国大陆。目前，无痕山林是自然之友及其盖娅自然学校的一个环境教育项目。

从2011年至今，无痕山林行动得到了众多公司、组织和户外爱好者的支持。特别感谢自然之友·盖娅自然学校对本书翻译的贡献。盖娅自然学校翻译小组成员为：赵晓晨（喵喵）、许爱婷（鸵鸟）、白建民（彩虹）、贾永辉（老驴），以上四人均为盖娅自然学校第三期无痕山林高阶讲师（LNT Master Educator）。感谢校对张诺娅和译审马尚。

同时，衷心感谢以下公司和组织对《无痕山林》中文版出版的支持和帮助：自然之友零废弃赛会、深圳市登山户外运动协会、三夫户外、班夫中国、极限之家、Osprey（欧司普瑞中国）、Sea to Summit China（中山大堡礁户外）。

自然之友零废弃赛会

深圳市登山户外运动协会

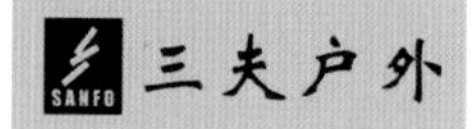

三夫户外

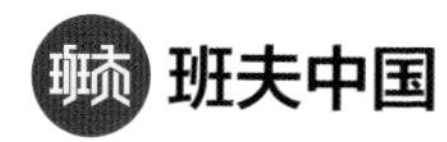

班夫中国

WILD RAMPAGE 极限之家

极限之家

欧司普瑞中国

中山大堡礁户外

感谢以下个人对自然之友无痕山林活动的支持：

胡卉哲（麻雀）、陈婉宁（长鼻猴）、郑廷斌（斌哥）、徐铭谦、吴冠璋、班哲明（Benjamin Rush）、张伯驹（地鼠）、简格民（黄瓜）、熊玮、贾黎平（山狼）、赵铁柱（莲花）、刘文泽（蚊子）、杜健（风信子）、杨金辉（金龟子）、赵宏（十

点十一）、许爱靖（刺猬）

张诺娅（石头）、曹峻、黄海琼（橙子）、张萌（冬小麦）、周志刚（望山）、泮颖雯、钱海英（Tina）、张也（牧野）、周鹏、李爽、吴媛静（歪歪）、庄红权、郑蓓、栗延鹍、胡惠明、林傍习、齐婧、汪大清（奥巴巴）、韦超、赖冠庭（坏人伟）、芮永辉（翅膀）、曾维刚、赵秋囡（摇光）、宋勇（漂流）、李玉强（忍冬）、李柯（爱水）、张宇（壁虎）、吴骁（猫头鹰）、刘畅（老先生尼克）

请与我们一起，无痕山林，共享美好自然。

自然之友·盖娅自然学校

2017 年 10 月 8 日

于北京盖娅沃思花园

跋

过去未去，未来已来

此时此刻，我正在风河山脉进行160英里7天的慢速穿越。第二次造访风河，更觉得这里不愧为殿堂级、世界级的风景区。大岩壁、4000多个高山湖、落基山脉花岗岩山体高差最大处、绿河发源地……前路，未尽的大陆分水岭还在等着我去探寻。

在校对《无痕山林》一书的译稿时，我时常问自己一个问题：无痕山林（LNT）究竟是什么？

LNT是在科罗拉多小径上，长沼在河边捡起的钓鱼线，和他说的："我讨厌别人这样随手扔鱼线。"（I hate it when people do this.）

LNT是在太平洋山脊步道上，同伴"悬崖"把路边发现的别人遗落的帐篷支架、酒瓶，甚至猫铲都放进自己的背包内，并在争论"该不该把卫生纸扔在便坑里"这样的问题时面红耳赤的表情。

张诺娅在 PCT（Pacific Crest Trail，太平洋山脊步道）

LNT 是在阿帕拉契亚步道上，三个好伙伴决定一路走一路捡垃圾。一个夏天，他们行走了 3500 千米，并将超过 1000 磅[①]的垃圾“绳之以法”。LNT 也是 AT 路上的步道天使，不提供床铺，不售卖啤酒，但殷勤地问一句：“你有没有垃圾？我可以帮你带走。”

① 1 磅 =0.45359 千克，即 453.59 克。

张诺娅在 AT（Appalachian Trail，阿帕拉契亚径）

LNT 更是每每有人抄近道、踩踏非步道的土地时，旁人的一句呵斥：你走偏了，请走回步道上来。

LNT 是在山林中，有人大声喧嚷、大肆播放流行音乐时，几个徒步者上前提醒：请给他人一个清静的自然环境，一个纯正的荒野体验。

LNT 是国家公园护林人散发的小册子，LNT 是童子军路途上有板有眼的训练课程，LNT 是一个从游客到长距徒步者都知道的词汇，LNT 更是一个深入人心的户外行为准则。

LNT 是一种耻感。

有人会问："无痕"是在美国的大环境下诞生的概念、实施的政策，这对咱们国家管用吗？怎么实施？怎么约束？怎么把行为传播出去，又怎么把这种道德意识内化？

这是一个很难回答的问题。任何一种行为准则的推广，除了国家的政策、学校的口号、媒体的传播、法律的规范，还需要一片文化的土壤，和一些更深层的动机。

《无痕山林》这本书，不提供，甚至不讨论这种深层动机，只提出最严格的规范。当中有些条款，由于中美的文化差异，在我国的语境下显得很突兀；另一些准则，由于硬件软件条件的匮乏，还没有切实的公民操作的可行性。

但《无痕山林》不仅是板上钉钉的条条款款，不仅是三言两语的建议，而是一种"这件事应该这么做，可以这么做，也有很多人这样做过"的参考书目。步道规划者可以借用这本书来设计更合理、承受能力更强的路线，徒步者可以用这本书来了解自己的行为会带来什么样的结果，教育培训者可以用这本书来指导学生，甚至教授课程。

得法，得道，都是一个长远的过程。在此之中，活学活用，将行为真正内化成动机，才是 LNT 得以真正传播的根基。

前方，道阻且长。明天又要一路向北。

但终点，总会到的。

张诺娅在 CDT（Continental Divide Trail，大陆分水岭步道）

张诺娅

于美国大陆分水岭步道风河山脉 Temple Lake

2017 年 7 月 5 日